TORBEN PLATZER

LIVING A **SELF MADE** LIFE

TORBEN PLATZER

LIVING A **SELF MADE** LIFE

MIT DER RICHTIGEN EINSTELLUNG GEHST DU DEINEN WEG.

Bibliografische Information der Deutschen Nationalbibliothek
Die Deutsche Nationalbibliothek verzeichnet diese Publikation in der Deutschen Nationalbibliografie. Detaillierte bibliografische Daten sind im Internet über http://dnb.d-nb.de abrufbar.

FÜR FRAGEN UND ANREGUNGEN
info@finanzbuchverlag.de

Originalausgabe, 2. Auflage 2021

© 2021 by FinanzBuch Verlag, ein Imprint der Münchner Verlagsgruppe GmbH
Türkenstraße 89
80799 München
Tel.: 089 651285-0
Fax: 089 652096

Redaktion: Christiane Otto
Korrektorat: Anja Hilgarth
Umschlaggestaltung: Sonja Vallant
Umschlagabbildung: © Torben Platzer
Layout und Satz: Ortrud Müller – Die Buchmacher, Köln
Druck: CPI books GmbH, Leck
Printed in Germany

ISBN Print 978-3-95972-369-5
ISBN E-Book (PDF) 978-3-96092-681-8
ISBN E-Book (EPUB, Mobi 978-3-96092-682-5

Weitere Informationen zum Verlag finden Sie unter

www.finanzbuchverlag.de

Beachten Sie auch unsere weiteren Verlage unter www.m-vg.de

Inhalt

KEIN GHOSTWRITER.
KEINE LIMITIERUNG.
KEINE ZENSUR.

MEIN TAGEBUCH,
GEDANKENGÄNGE
UND SKIZZEN.

Definition:
OUTSIDE THE BOX

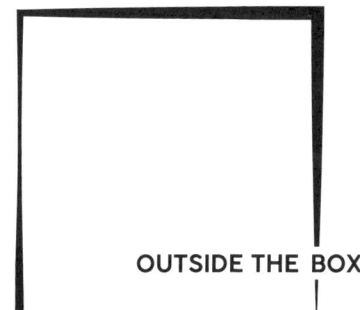

OUTSIDE THE BOX

Jemand, der kreative Ideen entwickelt und sie umsetzt, ohne sich limitieren oder kontrollieren zu lassen von Regeln, Traditionen und vorgegebenen Systemen.

Definition:
SELFMADE LIFE

Den eigenen Weg gehen und nicht in bereits vorhandene Fußstapfen treten, sondern neben denen der Vorbilder eigene produzieren. Keinem System folgen, welches eine Nummer zuteilt und Abläufe vorgibt, sondern die eigene wahre Passion finden und diese leben.

*Ich widme dieses Buch den Menschen,
die mich unterstützt haben, anders zu denken, anders zu leben
und anders zu sein. Dies ist ein Buch für alle, die gerne über
den Tellerrand blicken, Konventionen hinterfragen
und sich selbst als Außenseiter fühlen.*

*Wir können stolz darauf sein, wer wir sind,
egal welchem Geschlecht, welcher Herkunft, Hautfarbe,
Religion und welchen anderen Zuweisungen
durch die Gesellschaft wir angehören.*

Prolog

Es ist 3:16 Uhr, Sonntagnacht. Ich sitze mit einer rauchenden Shisha und einem Whiskyglas vor dem Rechner in meinem Münchener Loft, als ich anfange diese Zeilen zu schreiben. Ich bin kein großer Fan mehr von Drogen jeglicher Art, wie du im weiteren Verlauf dieses Buches noch näher erfahren wirst, aber ich brauche gerade jetzt einen kleinen Push, um endlich das aufzuschreiben, was schon sehr lange in meinen Notizen steht. Dabei lausche ich einem dreistündigen World of Warcraft-Soundtrack auf YouTube, der das Elwynn Forest Ambiente abspielt. Die Musik erinnert mich an eine unglaubliche Zeit, die sich wie Freiheit anfühlte, aber letztlich doch nur eine Flucht war.

Manche Dinge werde ich aus Gründen der Vernunft nicht schreiben, und auch weil meine PR-Beraterin Nina, an die ich an dieser Stelle liebe Grüße sende, sonst die Hände über dem Kopf zusammenschlagen würde, doch für alles andere gibt es jetzt kein Zurück mehr.

Vorher aber noch eine kurze Warnung: Es kann sein, dass dich einige Passagen in diesem Buch verwirren, wenn du mich bereits über die sozialen Medien kennst, andere werden dich belustigen und wieder andere dir vielleicht sogar Angst einjagen. Aber du kannst dir sicher sein, ich spreche nur über wahre Geschichten aus meinem Leben, die dazu beigetragen haben, dass ich zu der Person wurde, die ich heute bin. Lediglich Namen wurden zum Schutz der betreffenden Personen geändert. Und auch weil ich keine Lust habe, dass sie dieses Buch irgendwann aus den (virtuellen) Bücherläden klagen, da die Wahrheit oft schmerzlich sein kann.

2020 war ein komisches Jahr, und das Internet ist nun mit noch mehr Verschwörungstheorien gepflastert als nach dem Einsturz des World Trade Centers Im Jahr 2001 oder dem Anschlag beim

Boston-Marathon 2013. Viele wünschen sich einfach, aus einem zu lange andauernden Albtraum aufzuwachen, andere haben die letzten Monate genutzt, um Millionen von Euros zu verdienen mit der Digitalisierung, der Produktion von Gesichtsmasken oder dem Online-Verkauf von Toilettenpapier und Hygienemitteln.

VERÄNDERUNG IST DAS **GESETZ** DER NATUR.

ES SIND NICHT DIE **SCHLAUSTEN** ODER **STÄRKSTEN**, DIE ÜBERLEBEN, SONDERN VIELMEHR DIEJENIGEN UNTER UNS, DIE SICH AM BESTEN **ANPASSEN** KÖNNEN.

ÜBER 300.000 MENSCHEN folgen mir seit drei Jahren über die sozialen Netzwerke, mehr als 30.000 Menschen schauen mir täglich zu, wenn ich mir morgens Content anschaue, ich mit meinem besten Freund unsere Branding-Agentur TPA Media weiterentwickle, wir mit der G-Klasse durch Deutschland cruisen oder ich interessante Menschen treffe und um die Welt reise.

NIEMAND hingegen hat gesehen, wie ich am ersten Schultag im Alter von sechs Jahren von einem Mitschüler verprügelt wurde und er mir die Schultüte vom Rücken getreten hat, oder wie ich im Alter von 15 Jahren auf eine siebenstellige Summe verklagt wurde, oder wie ich im Studium dafür ausgelacht wurde, als ich etwas anderes machen wollte, als ins Referendariat zu gehen und Lehrer zu werden.

Niemand war Zeuge, als ich hintergangen wurde von einem Freund, den ich über 15 Jahre kannte, und er mich in die Firmeninsolvenz trieb, sodass ich Angst um meine Existenz hatte und wusste, dass niemand mehr hinter mehr stehen würde, wenn ich scheiterte.

Ich möchte hier nicht auf deine Tränendrüse drücken, aber dir einfach beide Seiten der Medaille aufzeigen. Denn das Bild vom Unternehmertum, welches auf Social Media propagiert wird, ist eine Illusion.

Jeder ist immer auf der Suche nach dem einen Tipp, dem einen Buch, dem einen Hinweis, der genau erklärt, wie man erfolgreich wird, genügend Geld verdient und dann irgendwann ausgesorgt hat im Leben. Doch so funktioniert das Leben nicht. Das Leben ist zu vielfältig und facettenreich, um es mit so einem simplen Tipp in die Richtung zu lenken, die einem im Moment die liebste ist.

Vor allem benötigst du die richtige Einstellung, um dort anzukommen, wo du hinwillst. Und die habe ich auch nicht von heute
auf morgen erlernt, sondern mir über die Jahre antrainiert. **MY
ATTITUDE BROUGHT ME HERE**.

Ich halte nichts von strikten Reglements oder Definitionen,
wann jemand etwas ist und wann nicht. Daher habe ich die letzten
Jahre meinen Slogan **»LIVING A SELFMADE LIFE«** etabliert,
der für mich ausdrückt: Lebe genau das Leben, das du schon immer
wolltest. Ob das ein Leben in Saus und Braus ist, mit exzessiven Partys und Frauen in einer 20-Millionen-Dollar-Villa in den Hollywood
Hills oder ob du lieber tagelang auf deinem kleinen Boot bist, um
die Stille zu genießen und zu angeln, das sollte alleine deine Entscheidung sein. Geld spielt nur eine untergeordnete Rolle, denn
am Ende ist es auch nur das Zahlungsmittel für das, was du zur
Erfüllung deines »Traumlebens« brauchst. Auch macht es Verglei-
che unbedeutend, denn jeder hat seine ganz eigene Definition von
Erfüllung. Vergiss das nie.

Vor zwei Jahren war ich auf einem Mastermind Meeting[01] in
Los Angeles, und wir diskutierten über ein Sprichwort, das du mit
Sicherheit auch kennst: »Alles, was er/sie anfasst, wird zu Gold.«
Es wird häufig Bezug auf Menschen genommen, die anscheinend
das Glück magisch anziehen. Man rechtfertigt damit Erfolge ande-
rer, die man selbst nicht erzielen konnte. Aber im Grunde ist es ein
Prinzip, das wir alle anwenden könnten:

Dwyane Wade, einer meiner Lieblingsbasketballspieler, schaffte
2006 in der Finalserie[02] gegen Dallas den 4:2-Sieg, obwohl seine
Mannschaft anfangs mit 0:2 Punkten zurücklag. Er gab in jedem
Spiel sein Bestes, machte im Schnitt 37,4 Punkte, 172 insgesamt und
sorgte für Frustration bei Dirk Nowitzki, dem »deutschen Wunder-
kind«, der Backstage voller Wut in einen Mülleimer trat und mit

01 https://www.lamastermindgroup.com/
02 https://www.zeit.de/news-062011/7/iptc-bdt-20110607-156-30778842xml

seinem Fuß steckenblieb. Wade wurde zum MVP und hielt das Gold in seinen Händen.

ABC News berichtete von einer 22-jährigen Frau aus Virginia (USA), die einen BMW anhob, um ihren Vater zu retten, dem beim Reparieren des Autos der Wagenheber abgerutscht war.[03] Die Wissenschaft begründet dieses Phänomen mit der sogenannten »hysterischen Kraft«, mit der Menschen Superkräfte hervorrufen können.[04]

Usain Bolt lief 2009 die 100 Meter in unter 10 Sekunden (9,58)[05] und prägte damit wie kein anderer die Leichtathletik. Er schaffte etwas, was vorher als unmöglich galt.

Alle diese Menschen, so scheint es, hatten das nötige Quäntchen Glück im richtigen Augenblick, doch vielmehr waren es ihr eiserner Wille, etwas ganz Bestimmtes erreichen zu wollen, und die richtige Einstellung, jeden möglichen Preis dafür zu zahlen, die sie letztendlich so weit gebracht haben. Auch ich musste viel Lehrgeld zahlen, das darfst du mir glauben. Und du wirst auch den einen oder anderen Preis zahlen müssen, wenn du dich für einen ähnlichen Weg entscheidest.

Je mehr ich für das, was ich wollte, kämpfte, desto mehr Glück schien ich nach außen zu haben.

Auf unserer Welt gibt es drei Arten von Menschen:

1. Diejenigen unter uns, die alles beobachten,
2. einige wenige, die Dinge auch umsetzen, und
3. sehr viele Menschen, die sich über alles wundern und darüber reden, was passiert.

---

03 https://abcnews.go.com/US/superhero-woman-lifts-car-off-dad/story?id=16907591
04 https://web.de/magazine/wissen/mystery/hysterische-kraft-gefahr-ploetzlich-superhelden-32248928
05 https://www.leichtathletik.de/news/news/detail/958-sekunden-usain-bolts-fabel-weltrekord-wird-zehn-jahre-alt

Ich gehörte lange zu der dritten Kategorie, denn ich habe schon damals in der Schule nicht verstanden, wieso einige so gut darin waren, hervorragende Noten zu bekommen, bei Frauen gut anzukommen oder immer der Beste in jeder Sportart zu sein. Was hatten diese Menschen denn, was ich nicht hatte?

Ich sah die Hintergründe ihrer Erfolge erst viel später, aber um es dem Verlauf des Buches vorwegzunehmen: Vor allem erkannten sie ihre Talente und nutzten sie. Ich möchte dir dabei helfen, deine Talente ebenfalls zu erkennen und diese zu stärken.

Du kennst doch bestimmt auch das Sprichwort »Hard work beats talent«, aber ich frage dich: Was passiert, wenn jemand mit Talent genauso viel Arbeit investiert wie du? Er wird immer die Nase vorn haben, weil es ihm leichter fällt zu lernen, zu üben und vor allem Spaß dabei zu haben, weil er die Verbesserung sieht und daran glaubt.

Sein Talent früh zu erkennen und gezielt auszubilden, ist wahrscheinlich einer der stärksten Wegweiser. Ich brauchte 27 Jahre, um das zu erkennen, denn bis dahin fühlte sich alles an wie der Aufenthalt in einer fremden Stadt ohne Google Maps.

> **Fun Fact: Ich bin groß geworden in einer Zeit, da gab es kein Google Maps. Noch nicht mal Smartphones, auf denen es gelaufen wäre.. Wir sind in den Jaderberg Tier- und Freizeitpark mithilfe einer physischen Landkarte gefahren, in der meine Mutter Wegweiser markiert und sich Notizen gemacht hatte, welche Ausfahrt wir am besten nehmen sollten. Jedes zweite Mal kamen wir dort auch vor Sonnenuntergang an.**

Ich war schon immer eher ein schüchterner Typ, der tendenziell in der Ecke stand und hoffte, dass ihn keiner ansprach. Sicherlich haben auch meine schlechten Erfahrungen in der Schule dazu

beigetragen, dass ich mich nie traute, wirklich aus mir herauszugehen.

So ging es mir, bis ich für mich eine neue Art der Kommunikation entdeckte, die es mir ermöglichte, vom heimischen Schreibtisch aus genau das zu tun: In Social Media und dem Internet aktiv und erfolgreich sein.

Schon im Alter von zehn Jahren bekam ich meinen ersten Rechner. Wir hatten ein 56-K-Modem, mit dem man sich ins Internet einwählen musste. Wenn man Pech hatte, war die Leitung besetzt, und man musste es später erneut versuchen.

Ich machte meine ersten Erfahrungen mit Computerspielen, in denen Figuren ein einziger großer Pixel waren, und lernte Menschen in öffentlichen Chats kennen. Später kamen Messenger-Dienste wie ICQ und AIM hinzu,

irgendwann auch die Socials wie Facebook und Instagram. Hier konnte man Bilder hochladen, später auch Videos.

In eine Kamera zu sprechen fühlte sich zwar anfangs komisch an, es war jedoch viel leichter, als jemand anderem in die Augen zu schauen.

Über diese neuen Wege im Internet fand ich zu anderen Menschen und Unternehmungen und realisierte so am Ende auch mein eigenes SELFMADE LIFE.

Hast du manchmal das Gefühl, nicht reinzupassen? In die Gruppe? In die Beziehung? Oder vielleicht sogar in diese Welt? Ich kenne das, und die gute Nachricht ist: Obwohl es sich jetzt noch nicht gut anfühlt, kann diese Empfindung deine große Chance sein, auf die du bis heute gewartet hast.

Wir alle werden in ein System geboren, das von Menschen, Institutionen, Politik und anderen Mächten legitimiert wird. Sie reden von Freiheit, aber wie frei sind wir wirklich, wenn wir in einer Kultur groß werden, in der immer noch schwarz oder weiß gedacht wird, wenn unser Schulsystem immer noch auf dem Stand von 1960 ist, wenn wir nur nach Leistung und Noten bewertet werden und wenn sich junge Menschen nicht nach ihren Talenten entwickeln können. Wenn Menschen uns Dinge beibringen, die sie selbst nur aus Büchern kennen, wenn wir bestimmte Leute in bestimmten Positionen nicht kritisieren dürfen, ohne Gefahr zu laufen, sanktioniert zu werden, wenn unser Denken jeden Tag durch Massenmedien manipuliert wird und wenn nur die wenigsten eine Chance haben, das zu erkennen?

Wer OUTSIDE THE BOX denkt, wird von der Gesellschaft oft als »Freak«, »Außenseiter« oder schlimmer noch »Querulant« betitelt. Für mich ist genau das die einzige persönliche Freiheit, die uns bleibt: Ein Leben ohne Vorgaben und Regeln ist sonst nicht möglich, vor allem nicht, wenn du die Vorzüge unseres Systems und unserer Gesellschaft nutzen möchtest. Aber du kannst die Spielregeln, die oft gegen dich sind, umdrehen und so das Spiel zu deinen Gunsten wenden, wenn du die Freiheit des Denkens kennenlernst und die Möglichkeiten der Visualisierung nutzt.

Denn keine physischen Grenzen sind so stark und hoch wie die eigenen Mauern in unserem Kopf.

If you can dream it, you can do it.

WALT DISNEY

Mein Buch allein wird nicht sofort alle Mauern einreißen, doch wenn es dazu führt, dass du von nun an manches differenzierter siehst oder auch einmal mehr hinterfragst, für dich neu abwägst und dann deinen Weg gehst, habe ich mein Ziel erreicht. Wir können gemeinsam ein Feuer entfachen und Menschen begeistern, wenn wir wirklich überzeugt von etwas sind. Das hier ist mein Versuch.

Vielleicht ist dir auf dem Cover und in den sozialen Medien das »X« aufgefallen, das ich auch am Hals tätowiert habe und als Kette trage. Es erinnert mich an meine Tage »X«, von denen ich dir erzählen werde. Das waren Tage, die mein Leben für immer verändern sollten. Gleichzeitig ist es auch das Symbol des Andersseins, ein Leben OUTSIDE THE BOX zu realisieren, zu denken und zu handeln. Wir leben oft in einer unsichtbaren Box, die wir gar nicht wahrnehmen, und nur selten setzen wir uns Ziele, die darüber hinausgehen, selten trauen wir uns, Dinge zu sagen, die außerhalb des gebräuchlichen Denkens liegen, selten machen wir einen Schritt nach draußen, weil die Angst, dabei gesehen zu werden, zu groß ist.

Das »X« ist für mich mein persönlicher EXIT aus der Box, und vielleicht erkennst du dich an der ein oder anderen Stelle wieder, und es wird auch zu deinem.

Ich schreibe darüber, was mich geprägt hat und welche Erfahrungen ich machen musste, um mich als Außenseiter zu fühlen, warum Menschen manchmal so sind, wie sie sind, und wie du diejenigen mit guten Absichten von denen unterscheidest, die schlechte haben. Ich beschreibe, was passierte, als ich realisiert habe, dass ich anders bin, und warum zwei große Entscheidungen mein Leben für immer verändern sollten.

Die folgenden Kapitel sind wie ein kleines Tagebuch zu lesen, ein Tagebuch, das niemand in die Hände bekommen sollte, wenn es nach den meisten geht, weil ich hier offen über Dinge spreche, wo viele eine Zensur einschieben, und ich bin froh, Menschen an meiner Seite zu haben, die mir die Möglichkeit dazu geben und mich dabei unterstützen.

Das hier ist kein »SELF HELP«, »GET RICH QUICK« oder Ähnliches von einem Bühnenakrobaten, der dich in die Hände klatschen lässt oder dich bittet, auf die Stühle zu steigen und die Energie, die du in dir hast, rauszulassen. Ich will dich nicht hypnotisieren und dir auch nichts von neurolinguistischen Mustern erzählen, die dir dabei helfen, Menschen zu manipulieren. Ich möchte nicht, dass du deine Augen schließt und mit mir eine Traumreise machst, in der du dir vorstellst, jemand anderes zu sein. Ich möchte dich vielmehr aus dem Traum der Illusionen reißen, bevor er zu deinem Albtraum wird.

Tag »X«:
Rettung Realität –
Die Flucht aus der
virtuellen Welt

Alles, was ich brauch, ist meine Gang, meine Gang ... «, dröhnte es dumpf durch die Wände. Es klang so, als wenn man sich die Ohren zuhält, weil man Cro nicht mehr hören will. Doch ich hörte das aus der Wohnung unter mir. Antjes Wohnung. Die Wohnung, die zwar auch nur 55 Quadratmeter groß war, ähnlich wie meine, aber in die sich an diesem Tag einfach jeder aus dem Fotografie-Einstiegskurs quetschte, weil sie ihren Geburtstag feierte.

Ich war jedenfalls nicht eingeladen, obwohl ich den kürzesten Weg gehabt hätte. Es wären wahrscheinlich 45 Sekunden gewesen, wenn ich langsam die Treppen heruntergegangen wäre, 20 Sekunden, wenn ich mich beeilt hätte (was der Fall gewesen wäre, denn ich stand schon sehr auf sie). Stattdessen lief ich Kreise in meiner Studentenbude:

»Wie kann es sein, dass ich einfach nicht eingeladen werde?«, fragte ich mich permanent selbst.

In der vorangegangenen Woche hatte ich mit ihr noch darüber geredet, als wir zusammen vor der Dunkelkammer standen, und sie hatte mir erzählt, dass sie auch aus BWL noch ein paar Typen einladen würde, weil es ja sonst nur Mädels wären. Man muss an der Stelle erwähnen, dass ich Germanistik und Kunst auf Lehramt studierte. Eine bessere Kombination gab es für einen Single-Kerl eigentlich gar nicht, weil in Germanistik 90 Prozent der Studenten weiblich waren, und in Kunst hatten (inklusive mir) ganze drei Männer überhaupt in diesem Jahr das Studienfach gewählt – und bei den anderen beiden wusste man, dass sie eher einander bevorzugten als das weibliche Geschlecht.

»Was willst du mit den Snobs?«, hatte ich Antje verspottet, dabei hatte ich selbst noch ein Jahr zuvor versucht, BWL zu studieren, als ich nicht wusste, mit welchen Fächern ich mich immatrikulieren sollte. Ich war jedoch mit 0,3 Punkten am NC gescheitert.

Jetzt waren genau diese »Snobs« da unten. Déjà-vu: Und ich war wieder der, der scheiterte.

»Soll ich einfach runtergehen?«, fragte ich mich. Was sollte schon passieren, wenn ich klopfte und sie einfach begrüßte. Sie würde mich wohl kaum nach Hause schicken. Egal wie dicht sie war, sie würde mich schon erkennen. Wir hatten letzte Woche gerade erst miteinander gesprochen. Es war ja nicht so, als ob sie mich gar nicht kennen würde.

Aber was war, wenn so ein Möchtegern aufmachte und mir die Tür direkt wieder vor der Nase zuschlug, weil er vor den anderen den Dicken machen wollte? Wir sprechen hier von einem 1,5-Zimmer-Apartment, EINEINHALB ausgeschrieben – das Wort ist größer als der Raum.

Einen solchen Vorfall würde jeder mitbekommen, und ich brauchte in der folgenden Woche gar nicht mehr zu Uni zu gehen.

»Xoui? Bist du noch da. Dein Mic geht nicht mehr oder bist du echt noch AFK?«

Ich setzte mein Headset wieder auf, aber ließ den Ton weiter ausgeschaltet, und Natalia laberte immer weiter von Instanzen, Bossen und Waffen, aber ich nahm das alles nur noch, wie die Musik von Cro, ganz dumpf wahr.

Natalia war übrigens keine heiße Gamer-Frau, die da mit mir im Teamspeak herumhing, sondern ein Typ. Andi hieß er, und er hatte sich entschieden, in World of Warcraft eine weibliche Orc-Jägerin zu spielen, die er Natalia nannte. Er war unglaublich gut, verursachte bei jedem Boss am meisten Schaden und brachte uns im Raid echt nach vorne. Im wahren Leben war Andi arbeitslos, lebte bei seinen Eltern und bezeichnete sich selbst als »fettleibig«. Ich habe allerdings nie ein Bild von ihm gesehen und kann das also nicht bestätigen. Seine Hunterin sah jedenfalls toll aus. Sie war schlank und hatte fast das komplette Set voll.

»Und dann brauchen wir endlich einen neuen Priester. Den Neuen kannst du doch vergessen. Letzte Ini hat er mich einfach im Feuer verrecken lassen, ich war vielleicht eine Sekunde da drin, okay vielleicht zwei, aber safe nicht mehr. Ich schwöre!«

Ich zockte schon den ganzen Tag mit ihm, seit ich aus der Vorlesung nach Hause gekommen war, und eigentlich liebte ich genau das: allein zu Hause sein und Computer spielen. Aber dieser eine Abend, den hätte ich gern woanders verbracht. Meine Gedanken schweiften ab, und ich stellte mir vor, unten bei Antje zu sein und mit ihr anzustoßen, Kuchen zu essen und zu lachen und ... AUS. SCHWARZ.

In diesem Moment passierte etwas mit mir, was ich so noch nie erlebt hatte: Meine Augen wanderten ganz langsam durch den Raum, und ich schaute mir die weißen Wände an. Sie waren so strahlend weiß, auch weil ich in der Studentenbude der Erstbezug war und sie deshalb gerade erst frisch gestrichen worden waren.

Mir war etwas kalt, und ich rieb meine Hände. Ich saß ewig auf meinem Bett, vergaß die Zeit. Es musste mitten in der Nacht gewesen sein, vielleicht bereits 2:00 oder 3:00 Uhr. Ich nahm irgendwann mein Headset ab und legte es neben mich aufs Bett. Ich machte alles ganz langsam, als hätte ich damals schon bewusstes Atmen à la Wim Hof geübt.

Dieses Gefühl, wenn du deinen eigenen Atem hörst, weil du nachdenkst und gerade alles um dich herum ausblendest. Es war einfach dieser Moment, der den Prozess in Gang setzte, der schon länger tief in mir drin arbeitete, wie in einer FBI-Serie, wenn der eine Agent sich bei den Feinden einschleust und teilweise Jahre darauf wartet, dass die Operation gestartet wird, und dann genau weiß, was er tun muss, weil er es tausende Male durchgesprochen und durchgeprobt hat: »Code ROT, Sie wissen, was zu tun ist, Agent.«

Ich stand auf und ging zum DSL-Router, zog den Stecker und setzte mich an den Rechner. Ich deinstallierte meine Computerspiele. Ich hatte sowieso nur zwei auf dem Computer, denn wenn ich etwas spielte, dann richtig. In World of Warcraft hatte ich über 600 Tage »played« Spielzeit. Das heißt, fast zwei Jahre meines Lebens war ich aktiv in der virtuellen Welt gewesen. Das Spiel selbst war drei Jahre zuvor erschienen.

Was ich tat, fühlte sich in einer Sekunde richtig an, in der anderen falsch, aber ich konnte nicht aufhören. Ich war wie ferngesteuert.

Stille. In dieser Nacht verliebte ich mich in sie. Obwohl es in diesem Studentenwohnheim nie wirklich ruhig war, hörte ich einfach nichts. Ich lehnte mich in mir selbst zurück, und in mir war nur Leere. Einatmen. Ausatmen. Ich hatte das noch nie ausgehalten, bis zu diesem Zeitpunkt. Ich musste immer in Bewegung sein, durch mein Zimmer laufen, mit den Beinen wippen, etwas nebenbei laufen haben wie den Fernseher oder nebenher im Teamspeak mit den Jungs reden. Selbst wenn ich abends ins Bett war, ließ ich eine Serie an, einen Livestream oder schaute noch ein YouTube-Video. Aber jetzt war da gerade gar nichts. Alles aus. Bis es hell wurde und die Vögel anfingen zu zwitschern, was oft in den Sommerferien das Zeichen für mich gewesen war, ins Bett zu gehen. 5:00 oder 6:00 Uhr morgens wird es gewesen sein, und ich saß immer noch da. Wenn ich heute daran zurückdenke, war es einer von zwei Tagen, die ich nie vergessen werde.

Als ich irgendwann einschlief, wusste ich, dass am nächsten Tag ein neues Kapitel beginnen würde, und die Seiten würden nicht leer sein, weil man die Vergangenheit nicht ausradieren kann. Aber man kann umblättern und eine neue Seite beschreiben. Es war der Tag, an dem ich die Entscheidung traf, dass ich kein Held mehr in der virtuellen Welt sein wollte, keine Schlachten mehr gewinnen mochte, die von Spieleherstellern programmiert wurden. Stattdessen war ich der Meinung, dass das echte Leben spannendere Kämpfe für mich bereithielt. Und das tat es.

GAMERSPRACHE

Die Gamer Community hat ihre ganz eigene Sprache, in der viele englische Begriffe benutzt werden – hier eine kleine Übersetzungshilfe:

»MIC«: Abkürzung für Microphone.

»AFK«: Kurz für »Away from Keyboard« (man ist gerade nicht am Rechner).

»TEAMSPEAK«: Kommunikationsprogramm, über das man miteinander sprechen kann.

»RAID«: So nennt man in World of Warcraft Instanzen, in denen Bosse besiegt werden.

»HUNTERIN«: Ein Charakter aus World of Warcraft, den man spielen kann,

»INI«: Abkürzung für Instanzen.

»GEDROPPT«: Ein Gegenstand wurde von einem Boss fallen gelassen, nachdem er getötet wurde.

»ENTMUTE«: Mikrofon aktivieren.

Erste Erfahrungen im Chat

Du denkst dir jetzt wahrscheinlich: »Was macht der Typ für ein Fass auf, wenn er ein Computerspiel löscht? Das hat doch jeder schon mal gemacht.«

Aber das war tatsächlich bei mir aus einer anderen Perspektive zu sehen: Seit ich zwölf Jahre alt war, begleitete mich der eigene PC zu Hause und wurde mit der Zeit zu meinem besten Freund. Ich war nie besonders gut mit Konsole und Gameboy und hatte auch selten Leute, mit denen ich spielen konnte. Deshalb wollte ich unbedingt einen Computer haben und hatte meinen Eltern so lange damit in den Ohren gelegen, bis sie ihn mir kauften. Als Einzelkind, das antiautoritär erzogen worden ist, hat man schon so seine Vorteile.

Mit 14 schenkte meine Oma mir das Spiel »Warcraft III – Reign of Chaos«, weil ich das erste Mal keine Fünf oder Sechs in Mathe mit nach Hause gebracht hatte, und – möge sie in Frieden ruhen – sie hatte keine Ahnung, dass dieses Spiel der Auslöser für die nächsten Abgründe in meinem Leben sein sollte, denn damit begannen die Kapitel »Spielesucht« und »E-Sport« auf einem ganz anderen Level.

Doch wie kam es eigentlich dazu, dass nicht Tim oder Carsten meine besten Freunde waren, sondern dieser Intel-Pentium-Prozessor, und wer war eigentlich Lan und wieso feierte er so viele Partys? Vorsicht ... flacher Gamerwitz (es gab übrigens auch eine tolle StudiVz Gruppe, die so hieß. Alle, die wie ich der älteren Generation angehören, erinnern sich vielleicht noch daran).

Ich weiß noch genau, wie es war, als ich eingeschult wurde und meine Eltern mir den Eastpack-Rucksack auf den Rücken schnallten. Ich war sechs Jahre alt und kam gerade aus dem Spielkreis, der mich in den letzten zwei Monaten vom Unterricht suspendiert hatte, weil ich Zahnstocher in Knetgummi versteckt und ein anderes Kind animiert hatte, mit voller Wucht auf die Knetmasse zu schlagen (»Hey Uli, ich wette, du bekommst den Haufen nicht mit einem Schlag komplett platt«), was damit geendet hatte, dass die Erzieherin sich übergeben und Uli ein ungewolltes Piercing in seiner Hand gehabt hatte.

Genau genommen hatte sich der Zahnstocher in die weiche Haut zwischen Daumen und Zeigefinger gebohrt, in diesen Hautlappen dort. Ganz sauber und fast ohne Blut hatte er dort dringesteckt. Die Erzieherin war komplett überfordert gewesen und hatte nicht gewusst, ob man ihn nun herausziehen sollte oder nicht. Dabei hat man doch schon x-fach in Autopsie-Sendungen gesehen, dass man Gegenstände, die sich ungewollt durch Körperteile gebohrt haben, immer drinnen lässt, da sonst beim Herausziehen Innereien verletzt werden. Uli hatte erst geweint, als die Sanitäter gekommen waren und das Adrenalin nachgelassen hatte. Ann-Kathrin, das Mädchen, das mich überhaupt erst zu der Sache inspiriert hatte, hatte neben mir gestanden und auch geweint. Ich hatte alles sehr spannend gefunden. Uli hätte sich auch einfach nicht zu ihr in die Kuschelecke setzen müssen, denn das war mein Platz gewesen. Und dann wäre das auch alles nicht passiert. Selber schuld.

Jetzt war aber Einschulung, ich sollte ein Erstklässler werden, und das würde mein Karma aus Spielkreis und Kindergarten ja wohl resetten, dachte ich. Eigentlich wusste ich damals aber noch gar nicht, dass es so etwas wie ein Karma gibt.

Ich sollte also nun die Kids kennenlernen, mit denen ich die nächsten vier Jahre verbringen durfte. Als ich klein war, gab es nämlich noch die Orientierungsstufe: die fünfte und sechste Klasse, die dazu dienten, herauszufinden, ob du eine Empfehlung für die Hauptschule, Realschule oder das Gymnasium erhältst. Zwei Klassen, die also die ersten vier Jahre Schule, die ich jetzt vor mir hatte, irrelevant machten, da die dort erworbenen Noten nicht mit in die Beurteilung einflossen. Die Orientierungsstufe bedeutete für mich zwei Jahre enormen Druck, denn meine Mutter sprach schon seit ich denken kann vom Abitur: »Ohne Abitur, Torben, bist du nichts!«

Ich hatte keinen Bock auf Schule. Meine Mutter fuhr mich mit dem Auto hin, und ich ging hinein. Meine Klassenlehrerin hieß Frau Müller. Sie hatte graue lockige Haare und sah aus wie jemand, der in den Ferien ein Buch auf dem Boot las und zu Hause gerne barfuß rumlief – einfach sympathisch. Frau Müller sah leider auch aus wie eine gute Mutter, deshalb wurde sie im zweiten Jahr schwanger, und Herr Meier, der Rektor, ersetzte sie. Er war alt, haarlos und weniger nett. Er hatte keine Kinder. Es war vielleicht doch Karma.

Schon in der ersten Pause bildeten sich kleine Gruppen, man sprach über Stickerhefte, Fußball und noch andere Sportarten. Erik war Handballer, groß gewachsen und hatte schwarze Haare. Seine Schneidezähne standen übereinander, und es bildeten sich so weiße Flecken darauf. Kommt von zu viel Fluorid in der Zahnpasta. Das weißt du natürlich, wenn deine Mutter beim Zahnarzt arbeitet. Eriks Mutter arbeitete beim Arbeitsamt als Telefonistin. Er war der

Lauteste und kam sehr gut an. Auch Marcel war einer der Gruppenanführer. Er war dick und fragte mich immer, was ich zu essen dabeihatte. Wenn es Cini Minis waren, sagte er: »Gib mal!« und aß alle auf. Er atmete schwer, und sein Schmatzen war so laut, dass ich nicht mehr weiß, was ich unangenehmer fand. Auf jeden Fall machte er mir Angst.

Mascha und Tanja waren die hübschesten Mädchen, vor allem Tanja sah echt interessant aus: Sie hatte wellige zweifarbige Haare. Ich weiß nicht, ob es von Natur aus so war oder gefärbt, aber ich mochte es. Heute würde ich zu ihr sagen: »Oh, Ombre«, um mit Fachwörtern zu beeindrucken, damals sagte ich nichts.

Die beiden führten die Mädels der Klasse an und sprangen Seil in den Pausen und liebten es, über ihre Geburtstagsfeiern zu sprechen und wen sie alles einladen würden – teilweise sechs bis acht Monate, bevor sie überhaupt stattfanden.

Ich fand anfangs keinen guten Zeitpunkt, um in die Gespräche einzusteigen, wusste nicht, was ich wirklich erzählten sollte, und gehörte dann keiner Gruppierung an. Dementsprechend stand ich meist allein rum und konnte sicher sein, auch weiterhin nicht angesprochen zu werden – meist erfolgreich. Wenn ich nach Hause kam, spielte ich »Pitfall« und »Earthworm Jim«. Da ich gefühlt der Erste war, der in der Klasse einen Computer besaß, war auch das kein Thema, um mich mit anderen auszutauschen.

Einmal kam Marcel zu mir in der Pause, und noch bevor er mich ansprechen konnte, sagte ich: »Salami-Brot.« Ich machte eine kurze Pause und fügte hinzu: »Ohne Butter!«

Er schaute kurz enttäuscht nach unten, fragte mich dann aber, ob ich Lust hätte, später zu spielen und ob ich den neuen Gameboy Color hätte.

Ich war verwundert, fühlte mich geehrt und ängstlich zugleich und hatte das Gefühl, besser zu nicken, anstatt lange zu überlegen.

Marcel wohnte nur eine Straße weiter und konnte zu Fuß zu mir kommen.

Wir saßen in meinem Zimmer, tranken Fanta und spielten »Batman« an meinem Gameboy. Ich spielte es selbst zum ersten Mal. Marcel wurde sehr emotional, als ich an der Reihe war: »Komm, versau das jetzt nicht! Wir hatten noch nie so viel Leben, als wir dort waren.« Ich dachte mir nur: »Wir waren noch nie dort!«

Batman starb, und Marcel schlug mir auf die Schulter.

»Ah, das tat weh, Marcel. Wieso machst du das?«, fragte ich ihn.

Er schlug noch einmal und erwiderte: »Weil du ein Noob bist!«

Das ist Gamersprache für »Anfänger«. Ich wusste nicht, wie ich in so einer Situation reagieren sollte, ich fühlte einen Schmerz auf der Schulter, dachte an den blauen Fleck und dass man ihn nicht sehen würde unter dem Pullover und ging aus dem Zimmer. Im Flur sprach mich meine Mutter an: »Alles ok, Torben? Wollt ihr noch etwas trinken?«

Ich nickte, ohne etwas zu sagen. Planloses Nicken war zu der Zeit noch voll mein Ding.

»Frag Marcel doch, ob er gleich noch zum Essen bleiben will. Ich mach Fischstäbchen«, sagte sie fürsorglich.

Ich hasste das, denn ich wollte nicht, dass er zum Essen blieb, wollte auch nicht, dass meine Eltern mit ihm redeten. Die würden mich doch bestimmt blamieren und irgendeinen Mist erzählen. Ich ging zurück ins Zimmer, brachte Fanta und Süßigkeiten mit, um ihn zu besänftigen.

Marcel griff sofort zu und fing an zu schmatzen. Und laut zu atmen. Wie so ein Tier, dem du zur Ablenkung ein Stück Fleisch hinwirfst, damit es dich nicht frisst.

Ich erzählte ihm, dass wir gleich zu Oma müssten und zum Essen eingeladen waren, er stopfte sich die Hosentaschen mit Kinder-Schokobons voll und ging. An der Tür boxte er mich noch einmal auf die Schulter und lachte.

Ich war so froh, dass er endlich weg war, und aß allein in meinem Zimmer vor dem Rechner. Ich befühlte noch einmal die Stelle, auf die er mich dreimal geschlagen hatte. Die schmerzte.

Ich fand einfach keinen Anschluss in der Schule und hatte auch keine Lust mehr, andere Jungs einzuladen. Ich fand mich damit ab, was auch kein Problem war, weil ich nach der Schule sowieso immer vor dem Rechner saß und bis abends durchspielte. Die Zeit verging recht flott, bis die ersten Sommerferien anfingen. Es war extrem heiß in Delmenhorst, und ich schwitzte vor dem Rechner. Die meisten Spiele konnte ich inzwischen im Schlaf. Die Möglichkeit, gegen andere online zu zocken, gab es noch nicht.

In Delmenhorst passierte allgemein nicht viel. 77.000 Einwohner, die meisten mit Migrationshintergrund, viele Dönerbuden und Sarah Connor.

Eines Nachmittags klingelte es bei uns an der Tür. Ich weiß nicht wieso, aber ich hasste schon immer die Türklingel: Bis heute noch löst sie bei mir Stress aus, weil man nicht weiß, wer etwas von einem möchte. So auch damals. Meine Mutter bekam Besuch von einer Freundin aus der Nachbarschaft, und sie brachte ihren Sohn mit. Er hieß Danny und war zwei Jahre älter als ich. Meine Mutter klopfte an meiner Zimmertür und fragte, ob ich rauskommen wollte, um Danny kennenzulernen und mit ihm zu spielen. Ich setzte mein Headset ab, verneinte und fuchtelte mich meinen Händen, um meiner Mutter klarzumachen, sie solle mich jetzt nicht stören. Immerhin half ich Erdwurm Jim gerade, den Schleimendboss zu besiegen. Doch ich starb und ging auf die Dachterrasse.

»Hey Torben! Was geht?«, sagte Danny und streckte mir die Hand entgegen. Bis Corona kam, war es üblich, sich die Hand zu geben zur Begrüßung (nur für diejenigen unter euch, die sich vielleicht nicht mehr erinnern).

Wir zogen los und gingen hinters Haus: Dort war ein Industriegebiet, das bald abgerissen werden sollte für eine Neubausiedlung. Jetzt war es voll mit meterhohen Gräsern und Gestrüpp, Bäumen und einer alten Fabrikhalle. Auf diesem Grundstück bin ich ein Jahr später fast gestorben. Zu Danny entwickelte sich meine erste Freundschaft. Wir bauten ein Baumhaus, von dem ich runterfiel und 30 Zentimeter neben einem senkrecht stehenden Nagel aufkam, der sich auch in meinen Kopf oder Bauch hätte bohren können.

Wenn Danny abends nach Hause ging, setzte ich mich vor den PC und fing an, vor Langeweile bei Google Begriffe einzugeben. Einer dieser Begriffe war »Chat«, und ich traf dort auf ein Forum namens »Unikum«.

In diesem und anderen Foren war man nicht mit seinem Klarnamen angemeldet, sondern hatte einen Nickname, ein Pseudonym. Eine Art Künstlername fürs Internet. Die Frauen hatten Namen wie »Blondie69«, »BeatrixX« oder »Strickliese59«, also meist irgendetwas Einfallsloses mit ihrer Haarfarbe und ihrem Hobby. Da viele Namen vergeben waren, setzte man die Jahreszahl, in der man geboren wurde, dahinter. Also Blondie war wahrscheinlich 1969 geboren – so interpretierte ich das damals zumindest.

Die Männer hatten coolere Namen, und je mehr Zahlen und Sonderzeichen darin vorkamen, desto jünger waren sie wahrscheinlich. »Bernd78« war ein bodenständiger Typ, der gerne unter einem Namen, der möglichst nah an seiner wahren Identität lag, dort auftreten wollte. »Sh4dowk1ll3er_l33t« war tendenziell eher das Gegenteil und dazu noch sehr jung und unreif. Wahrscheinlich war er auch counterstrikesüchtig wegen der »leetspeak« die er verwendete. So nennt man das, wenn man anstatt Buchstaben Zahlen einsetzt, die so aussehen wie Buchstaben.

LEETSPEAK

Leetspeak bezeichnet das Ersetzen von Buchstaben durch ähnlich aussehende Ziffern und Sonderzeichen. Es kommt aus der klassischen Hackerszene im Internet und wird auch gerne mit 1337 (leet) abgekürzt.

Jetzt brauchte ich selbst einen eigenen passenden Internetnamen: Ich fand es irgendwie cool, dass man beim Anmelden nach seinem Titel gefragt wurde, ob man beispielsweise Doktor oder Doktorin war. Irgendwann bekam ich nachts ein Fax, in dem stand, dass man sich so einen Titel auch kaufen könne, sogar Adelstitel, wenn man das nötige Kleingeld aufbringen konnte: 5.000 D-Mark betrugen die Kosten, und man wäre dann ein echter »Sir«. Das klang mega, aber ich hatte das Geld nicht und wusste auch nicht, wie ich meinen Eltern beibringen sollte, dass ich jetzt so einen Adelstitel bräuchte. Daher beschloss ich, den Titel anzunehmen, ohne zu zahlen. Das würde im Unikum-Chat schon niemandem auffallen. Jetzt fehlte nur noch der Name an sich, und da musste auf jeden Fall etwas Englisches her, denn englische Begriffe sind cool (wie du im Verlauf des Buches noch merken wirst oder dir vielleicht auch schon aufgefallen ist). Mir fiel einfach nichts ein, und so scrollte ich durch Google. Ich dachte an irgendeine Süßigkeit, die ich gerne aß, wie beispielsweise Muffins, aber »Sir Muffin« klingt doch schräg.

Schon damals hatte ich das Ritual, in die Küche zu gehen und mir einen Kaffee zu holen, wenn ich nicht weiterwusste. Meine Eltern waren Junkies, deshalb stand immer welcher bereit. Als meine Mutter bemerkte, dass ich mir auch ab und an einen holte, kochte sie entkoffeinierten, was wahrscheinlich besser für einen Zwölfjährigen war.

»Irgendetwas mit Kaffee oder Coffee könnte auch cool sein. Immerhin trinken das die Erwachsenen, und jeder kennt es«, dachte ich laut, und am Ende wurde ich »Sir Coffin«.

Die englische Übersetzung des Worts war mir unbekannt, ich dachte, es sei ein Neologismus. ENTER:

Man sprach über alle möglichen Dinge im Chat, und der Besuch dort wurde zu einer meiner festen Gewohnheiten: Schule, dann Danny treffen und abends in den Chat. Manchmal saß ich bis in die Nacht dort, viele waren arbeitslos, wie ich herauslas. Damals klang das recht lukrativ für mich.

Einmal kam ich auf die Idee, eine private Chatanfrage an eine Frau zu versenden, denn in der Schule hatte ich bis dato noch keinerlei Erfahrungswerte mit dem weiblichen Geschlecht.

»HEY, WIE GEHTS?«, schrieb ich einer Userin, die sich selbst »Storchenmami« nannte. Sie antwortete recht schnell und wollte alles über mich wissen, vor allem wie alt ich war. Es war der normale Ablauf, dass man im Chat vor allem erst einmal auslotet, wie jemand wirklich heißt, wie alt er ist, wo er herkommt und was er im echten Leben so macht. Diese unnötigen ermüdenden Informationen halt, die man aus Freundlichkeit und weil man nicht weiß, wie man sonst starten soll, erfragt: Sie war 32, Mutter, liebte Computerspiele und kam aus NRW. Ich hatte keine Ahnung, wo NRW lag, hatte aber sowieso nicht vor, die 20 Jahre ältere Frau jemals zu treffen.

Wir chatteten jeden Abend, und irgendwann fragte sie mich, worauf ich denn bei Frauen stehen würde. Ich tippte damals so etwas ein wie: »SIE SOLLTE SCHOEN SEIN«, hatte mir da ja aber bislang noch nie konkrete Gedanken dazu gemacht und erinnere mich noch gut daran, wie ich mich immer umdrehte im Zimmer, während ich mit ihr schrieb, obwohl ich alleine in meinem Zimmer saß und die Tür links von mir war.

»MAGST DU GROSSE BRÜSTE?«

Gute Frage, dachte ich. »ICH DENK SCHON, JA«, schrieb ich ihr und wurde vor dem Rechner rot wie eine Tomate.

»Storchenmami hat dir ein Bild gesendet.«

Ich stand auf und ging zu meiner Tür, hielt den Schlüssel ganz fest und drehte ihn so um, dass es im Schloss keine Geräusche machte. Als ich das das letzte Mal gemacht hatte, hatte meine Mutter mir vom Flur entgegengerufen: »Wieso schließt du ab, Torben?« Und ich hatte mir irgendetwas Komisches ausdenken müssen, da ich ihr nicht hatte sagen wollen, dass ich »Resident Evil« spielen wollte, ein Spiel, das FSK 18 war, in dem haufenweise Leichen durch die Gegend flogen und das ich mir illegal auf dem Internet gezogen hatte.

Sie hörte es diesmal nicht, und ich ging wieder zum Rechner und klickte sofort auf das Bild: mein erstes Nacktfoto. Mich schaute eine 32-Jährige, auf den ersten Blick übergewichtige Frau mit riesigen Brüsten an. Ich mochte es, klickte es aber sofort wieder weg. Zu groß war meine Scham. Ich lief rot an, doch sie fragte schon: »GEFÄLLT ES DIR?«

»Was schreibt man denn jetzt darauf?« Ich konnte ihr doch nicht nur schreiben, dass ich es gut fand, oder? Sie erwartete doch sicherlich ein Kompliment für ihre groß gewachsenen Brüste ...

Ich überlegte schon viel zu lang für eine Antwort auf ein Nacktfoto und schrieb schlussendlich: »ECHT GEIL.« Und dahinter setzte ich einen schwitzenden Smilie.

Der beschrieb die Situation tatsächlich am besten, und mit dem kannst du auch nichts falsch machen. Der ist nicht zu lüstern und fordernd, aber zeugt auch nicht von Desinteresse: Schwitzen ist immer gut. Das mögen Frauen.

»NA, BAUST DU ZELTE?«

»WAS?«

»NA, OB DU ZELTE BAUST ;)«

»ICH HABE KEIN ZELT, NEIN.«

»OB ER GROSS GEWORDEN IST ...«

»WER?«

»NA, DEIN KLEINER FREUND.«

Es dauerte einfach zu viele Zeilen, bis ich begriff, dass mich die Frau da gerade fragte, ob ich einen Ständer bekommen habe von ihrem Nacktfoto, dass es mir schon fast peinlich war, überhaupt noch zu antworten. Ich tat es trotzdem, und es entwickelte sich eine »Chatfreundschaft Plus«. So würde man das heute wahrscheinlich bezeichnen. Ich muss an der Stelle erwähnen, dass es damals nicht so einfach war, ein Bild zu verschicken, denn es gab ja noch keine Smartphones, mit denen man mal eben so ein Bild aufnehmen und verschicken konnte. Die Frau hatte sich nackt fotografieren lassen oder es mit einem Selbstauslöser gemacht. So genau wollte ich es, ehrlich gesagt, auch nicht wissen.

Problematisch war nur, dass ich zwölf Jahre alt war zu dem Zeitpunkt und erst viel später begriff, wieso sie mir immer schrieb, dass ich es keinem erzählen sollte, und auf gar keinen Fall meinen Eltern.

Auch wenn wir abends anfingen zu chatten, kam immer sofort die Frage »BIST DU ALLEIN?« oder »IST DEINE TÜR ZU?«.

Sie hatte recht, über sexuelle Dinge zu schreiben, wäre mir im Normalfall super unangenehm gewesen, aber diese Erfahrung war wegweisend für mich, denn so lernte ich zumindest virtuell schon recht schnell, was Frauen mögen und worauf sie stehen – oder zumindest eine »Storchenmami«.

In der Realität dauerte es noch einige Jahre, bis mir diese Infos etwas brachten.

Es klopfte an der an Tür, und ich schreckte hoch. Sie ging langsam auf, und meine Mutter streckte ihren Kopf durch die Tür.

»Torben, Danny ist schon da. Steh auf, ihr seid zum Spielen verabredet.«

Ich kullerte aus dem Bett mit zerzausten Haaren und in meinem Werner-Brösel-Schlafanzug, während Danny bereits in mein Zimmer rannte.

»Pennst du noch, oder was? Das kann doch nicht sein.«

»Wie spät ist es?«, murmelte ich vor mich hin und schaute zur Uhr an der Wand. Es war 9:00 Uhr, und Danny stand putzmunter mit einem Stickerheft in meinem Zimmer.

»Ich habe uns ein Panini-Heft gekauft. Hier, für dich auch eins!«

Ich wusste gar nicht, was man damit machte, und er erklärte es mir: Sticker am Kiosk kaufen und einkleben, bis es voll ist. Dann legt man es, wie Felix Lobrecht sagen würde, an den »Wenn-dann-da-Ort«, und es verschwindet. Aber es machte unglaublich viel Spaß, die Päckchen aufzumachen und zu schauen, welche Spieler drin waren und ob genau das Bild noch fehlte. Wir klebten Fußballspieler auf und tranken wieder Fanta. Im Nachhinein ist es kein Wunder, dass ich übergewichtig war.

Mama gab uns 10 D-Mark. Ein Päckchen kostete 2,50 D-Mark, und sie sagte, ich könne entscheiden, ob ich mir vier Pakete kaufte und Danny auch eins abgab. Wir rannten los und kauften, rissen auf und schauten. Danny klebte die Spieler, die er noch nicht hatte, in sein Heft und meinte, wir könnten ja erst mal eins voll machen und dann das zweite. Dann hätten wir schon mal ein volles, sonst dauere es ja ewig.

Abends ging er nach Hause, nahm sein Buch mit, und ich setzte mich an den Rechner und wartete auf Storchenmami.

Im Flur bei uns war es laut, weil anscheinend Papa nach Hause gekommen war, und meine Eltern stritten öfters, wenn er ein paar Tage weg war. Er arbeitete bei der Bundeswehr (Luftwaffe) in Diepholz und hatte oft einige Tage »Sicherheitsdienst«.

Was das genau bedeutete, wusste ich nicht, aber er war dann einfach einige Zeit nicht zu Hause.

Ich wollte nachsehen, was los war, und machte die Tür auf. Beide verstummten. Das war immer so, meine bloße Anwesenheit schlichtete jeden Streit, und meine Mutter sagte nur: »Schau Torben, dein Vater ist wieder daheim.«

Ich lief ihm entgegen und umarmte ihn. Er fragte, was ich so getrieben hätte, und meine Mutter erzählte von meinem Panini-Album und dass ich nun Fußballspieler sammeln würde. Papa wollte das Heft sehen, und ich lief in mein Zimmer. Dort fiel mir ein, dass ich es ja gar nicht mehr hatte, denn es war bei Danny. Irgendwie fühlte sich das komisch an, das meinen Eltern zu erzählen, da meine Mutter uns das Geld für die ganzen Sticker gegeben hatte.

»Ich finde es gerade nicht. Muss aber jetzt eh noch Hausaufgaben machen«, flunkerte ich und verschwand für den Rest des Abends in meinem Zimmer.

Am nächsten Tag kam Danny ohne Heft und wollte wieder Gameboy spielen. Als ich ihn darauf ansprach, warum er es heute nicht mitgenommen hatte, meinte er nur: »Ach, ist irgendwie eh langweilig geworden.«

Er machte das auch noch einige Male mit anderen Sachen, bis mir irgendwann auffiel, dass auch Gameboy-Spiele verschwanden. Aber ich hatte nie den Mut, es meiner Mutter zu sagen. Immerhin war es der Sohn ihrer Freundin, und ich wollte nicht, dass er mit seiner Mutter vor uns stand, während meine Ma das ansprach. Er war auch zwei Jahre älter als ich. Doch mit mir machte es etwas. Ich meldete mich nicht mehr so oft, dachte mir Ausreden aus, wieso ich keine Zeit hatte, oder sagte, dass es mir nicht so gut ginge.

»Erik und Tanja wählen ihre Mannschaften. Erik steht links und Tanja rechts. Das machen sie so lange abwechselnd, bis alle einem Team zugeteilt sind.«

Volleyball bei Frau Behrens. Es gab nichts Schlimmeres. Ich hasste Volleyball und Sport. Und auch Frau Behrens, weil sie immer so einen Befehlston hatte und mir so abfällige Blicke zuwarf – keine Ahnung wieso.

Die hübschen Mädchen und sportlichen Jungs kamen immer sofort irgendwo unter, ich war meist der Letzte, der sich irgendwo noch dazustellte. Ich kannte auch ehrlicherweise weder die Regeln, noch machte es mir Spaß. Ich wollte nur, dass es schnell vorbei war. Dabei war mir völlig egal, ob wir als Team gewannen oder verloren.

»Torben, du gehst noch zu Erik«, sagte Frau Behrens, als ich auch dieses Mal als Letzter in der Mitte stand.

»Oh nö, nicht Torben bei uns«, sagte er, und auch die anderen waren nicht begeistert.

»Stell dich einfach hinten hin und mach nichts, okay?«, sagte er extra so laut, dass auch die anderen die Message des Rudelführers verstanden und grinsten. Ich hatte nichts dagegen, nickte und stellte mich ganz nach hinten.

Zum Glück bemerkte Frau Behrens nicht, dass ich Straßenschuhe anhatte, denn ich hatte in der Umkleide meinen Turnbeutel nicht gefunden und konnte die Schuhe nicht wechseln. Unter meinen Klamotten hatte ich immer die Sportsachen schon an, wenn wir Sportunterricht hatten, weil ich mich schämte, mich vor den anderen auszuziehen. So musste ich nur meinen Pullover über den Kopf stülpen und meine Hose über die Schuhe ausziehen und war fertig.

Ich träumte vor mich hin und wartete darauf, dass die Zeit abgelaufen war, als plötzlich in den vorderen Reihen jemand die Ballannahme verpasste und mir der Volleyball mit Karacho gegen den Kopf, genauer gesagt an die Lippe flog. Alle lachten, und ich dachte kurz, dass mein Frontzahn wackeln würde. Ich ging auf die Toilette, während die anderen weiterspielten, und wartete dort. Ich hatte schon immer Angst um meine Zähne gehabt und ruckelte mit dem Daumen am Zahn, aber er war nicht lose. Zu Hause fragte ich sogar meine Mutter, ob sie ihn sich noch einmal anschauen könnte, aber auch sie stellte fest, dass alles in Ordnung war.

»So leicht wird dein Zahn nicht locker, Torben. Du weißt doch, wie tief die Wurzeln sind.«

Das wusste ich tatsächlich, denn ich war letztes Jahr einige Male beim Kieferorthopäden gewesen, der Abdrücke wegen meiner schiefen Zähne genommen hatte. Er und meine Eltern versuchten mich zu überreden, eine Spange zu tragen, aber ich wusste, dass das mein

Todesurteil sein würde, wenn der Depp der Schule jetzt auch noch Spange trug, und weigerte mich. Die schiefen Frontzähne waren allerdings auch nicht viel besser, doch zum Glück sah man sie nur selten. Ich lachte nicht oft.

Das letzte Schuljahr in der Orientierungsstufe näherte sich dem Ende, und bald sollte entschieden werden, auf welche Schule wir wechseln würden. Meine Noten waren absoluter Durchschnitt, ich war gut in Deutsch und Englisch, hatte aber null Ahnung von Mathe und Physik. Ich fragte mich nach jeder Klausur, wie ich überhaupt die Fünf in Mathe schaffen konnte, denn ich checkte wirklich gar nichts.

Am Zeugnistag hatten wir nur drei Stunden Schule, das bedeutete, nur fix hingehen, das Ding einpacken, sich die Rede des Direktors anhören, der sich für das unglaubliche Schuljahr bedankte, dann nach Hause und endlich Ferien. Er sprach von »überragenden Leistungen« und dass es dieses Mal »30 Bundesjugendverdienstkreuze« gab oder so ähnlich, doch damit hatte ich nichts zu tun. Für mich zählte nur die Frage, wann es das Zeugnis gab, sodass ich endlich los konnte. Alle verabredeten sich an dem Abend für eine »Jugenddisko« in einem Vereinshaus und sprachen darüber, dass Manfred Alkohol besorgen könne, da er ja ein Jahr älter war und mit seinen Bartstoppeln als 16-Jähriger durchgehen könnte. Ich hatte noch nie mit ihm zu tun gehabt, aber man hörte so einige Geschichten über ihn: Angeblich hatte er es im Wollepark einmal mit drei Jungs aufgenommen, die die Messer zückten und ihn abstechen wollten. Manfred hatte alle verprügelt und nur die eine Narbe an seinem Hals davongetragen. Ich glaubte ja eher, dass er sich beim Rasieren geschnitten hatte. Das war meinem Vater nämlich auch schon passiert, und er hatte wie ein Schwein geblutet, sodass meine Mutter ihm im Bad zur Hilfe eilen musste.

»Und jetzt vergeben eure Klassenlehrer die Zeugnisse, und ich wünsche euch grandiose Ferien. Denkt dran, dass ihr euch über Ferien ...«

Der Direktor war durch die vielen anderen Gesprächen fast nicht mehr zu hören. Es interessierte auch keinen mehr. Hoch die Hände, Wochenende. Und das für drei Wochen!

Zu Hause angekommen legte ich das Zeugnis auf den Küchentisch und ging in mein Zimmer, fuhr den Rechner hoch, schenkte mir ein Glas Fanta Exotic ein, zur Feier des Tages, und rollte an den Bildschirm. Ich wollte gerade ein Spiel starten, da hörte ich meine Mutter den Flur entlanglaufen. Ich schaute erwartungsvoll zur Tür, die regelrecht aufgetreten wurde, und schon stand sie mit weit aufgerissenen Augen da.

»Torben, wir müssen reden! Sofort! Du bist versetzungsgefährdet, zwei Unterkurse in Mathe und Physik!«

Sie spuckte beim Reden vor Wut auf meinen Schreibtisch, und ihre Pupillen gaben nicht nach, so wütend war sie.

»Keine Ahnung, Mama. Steht das da? Ich weiß nicht, wieso Herr Reimann mir eine Fünf in Physik gegeben hat. In Mathe klar, das ist ja immer mein Unterkurs gewesen, aber Physik, keine Ahnung.«

»Du wirst Nachhilfe nehmen und …«, sie zog den Stecker meines Rechners »… und keine Spiele mehr, ab jetzt wird gelernt!«

Sie ging. Ich schluckte, wurde kreidebleich, also noch blasser als sonst, und wusste nicht, was ich tun sollte. Wofür sollte ich denn jetzt lernen und vor allem, wie? Ich wusste doch gar nicht, welcher Stoff nächstes Jahr behandelt würde, oder stand das irgendwo im Buch? Gefühlt sprangen wir in den Büchern immer hin und her und arbeiteten es nicht chronologisch durch, deshalb konnte man schlecht »vorlernen«, oder meinte sie etwa, den alten Schulstoff nachholen? Das machte aber doch auch keinen Sinn, die Klausuren waren doch schon geschrieben. Ich wusste es nicht.

Das Gute an meinen Eltern war, dass sie ihre Wut immer einmal entluden und nach einigen Zigaretten und einem Glas Rotwein oder auch zwei die Situation oftmals gelassener sahen. So auch dieses Mal. Noch am gleichen Abend erlaubte mir meine Mutter wieder, den Rechner zu benutzen. Ich hatte ihr erzählt, dass ich eine Seite im Internet kenne, auf der man mit anderen gemeinsam lernen kann. Sie nannte sich Uniaustausch, und viele Studenten halfen Schülern dabei, gute Noten zu schreiben oder diese auch zu verbessern. In Wirklichkeit hieß die Seite Unikum, dort gab es kaum bis gar keine Studenten, und meine Chatinhalte hatten auch weniger mit Mathe und Physik zu tun.

Das nächste halbe Jahr ging recht flott rum, und wenn ich darüber nachdachte, dass ich bald die Schule wechseln sollte, wurde mir ganz schön flau im Magen. Ich hatte keine gute Zeit in der »OS«, aber irgendwie hatte ich mich daran gewöhnt. Es war normal, dass ich in der Pause alleine mit einer Käsestange in der Ecke stand und auf den Gong wartete, normal, dass ich die Hausaufgaben nicht hatte und der Lehrer Witze über mich machte, normal, wenn Frau Behrens mich dumm anschaute beim Sport und ich mal einen Schubser mitbekam, wenn ich nach Hause ging.

Der Gedanke an eine neue Schule allerdings, eine neue Klasse und neue Lehrer machte mir Angst. Was, wenn es schlimmer werden würde? Wenn mich jemand dort erpresste oder zusammenschlug? Wenn die Lehrer mich noch mehr auf dem Kieker hätten und bei jeder Kleinigkeit meine Eltern anrufen würden? Ich hatte keine einzige gute Erinnerung an die OS-Zeit und auch keinen einzigen guten Gedanken im Hinblick auf die Zeit danach. Deadlock.

Wir sollte uns alle in der Aula versammeln, und das Schulorchester spielte: »Time to say goodbye«. Doch in meinem Kopf hörte ich nur: »I am a loser baby, why don't you kill me ...«

Die Vergabe der Zeugnisse glich einer Zeremonie. Die Lehrer hatten versteinerte Blicke, und der Rektor schaute, als hätte er dem Militär gerade die Erlaubnis erteilt, eine Rakete auf ein Gebäude zu schießen, in dem sich die Zielperson befand, und somit den Tod von unzähligen Zivilisten in Kauf genommen.

Die anderen Schüler unterhielten sich, auf welche Schule sie am liebsten gehen würden. Es gab zwei Gymnasien in Delmenhorst: das Willms und das Maxe. Ich wollte zum Willms, weil es fußläufig von uns war, viele andere eher ans Maxe-Gymnasium, da es einen besseren Ruf hatte.

Die Zeugnisse wurden in den Klassen verteilt, und als wir unsere bekamen, wurden wir der Reihe nach aufgerufen. Ich nahm meins, steckte es in den Tornister und nahm ihn auf die Schulter.

»Willst du nicht reinschauen?«, fragte mich Lars, der direkt neben mir stand und beobachtete, wie ich selbst nicht einmal daraufschaute.

»Nee, ich schau zu Hause«, sagte ich leise und drehte mich weg.

Meine Mutter war die Erste, die es sah, und ihr Blick versteinerte sich, nachdem sie ihre Lesebrille aufgesetzt hatte. Sie sagte nichts.

»Bin ich sitzen geblieben, Mama?«, fragte ich und merkte, wie das Adrenalin in mir hochschoss. Sitzen zu bleiben wäre gar nicht so schlecht gewesen, denn ich würde einfach die letzte Klasse wiederholen, der Stoff wäre derselbe und die Mitschüler ein Jahr jünger. Irgendwie sah ich das gerade als Chance, aber meine Mutter unterbrach meinen aufkommenden Enthusiasmus. »Du hast eine Empfehlung für die Realschule bekommen, Torben.«

Sie las es langsam vor wie ein Arzt, der auf seine Unterlagen blickend Krebs diagnostiziert und dir noch wenige Wochen Lebenszeit einräumt. Ich verstand nicht, worauf sie hinauswollte.

»Ich muss später mit Papa reden«, sagte sie und ging mit dem Zeugnis ins Kaminzimmer.

Sie ging immer dann ins Kaminzimmer, wenn sie gestresst war, denn es war der einzige Raum, in dem in unserem Haus geraucht werden durfte. Das hatten meine Eltern, beide angehende Kettenraucher, so festgelegt. Sie schloss die Tür, ich ging in mein Zimmer und schloss meine.

Ich saß am Rechner und hatten ihren Satz im Ohr. »Realschulempfehlung«, aber ich wusste nicht, was ich davon halten sollte.

Realschule heißt, du bist nicht der Schlechteste, also keine Haupt-schule, aber eben auch nicht der Beste, kein Gymnasium. Mittel-maß. Passte doch. Und war nicht so schlimm. Doch so simpel war es nicht:

»Du hast es vielleicht gemerkt, dass Mama nicht glücklich ist mit der Empfehlung«, sagte mein Vater, nachdem sie mich abends in ihr Kaminzimmer holten. Ich war nur ungern dort, weil die Kla-motten danach ewig lange nach Rauch stanken, aber es war der zen-trale Ort bei uns. Hier wurden alle wichtigen Dinge besprochen und Entscheidungen getroffen, hier wurde ermahnt und gelobt. Dabei rauchte man, und mein Kopf qualmte auch.

»Deshalb haben wir die Entscheidung getroffen, dass du aufs Gymnasium gehen wirst. Es ist schließlich nur eine Empfehlung der Schule. Wir entscheiden das schlussendlich. Du wirst dich halt

ein bisschen anstrengen müssen«, sagte Dad in einem ruhigen, verständnisvollen Ton.

»Du weißt ja Torben, ohne Abitur bist du nichts«, ergänzte meine Mutter. Den Satz hätte ich mitsprechen können, so oft hatte ich den schon gehört. Ihre Pupillen waren immer noch geweitet. Ich hatte nicht das Gefühl, dass ich hier an einer Diskussion teilnahm, es waren eher die Plädoyers vor dem Urteil. Man war sich einig, ich nickte.

Ver of in der
World of Warcraft

Nun lagen erst einmal die Sommerferien vor mir, und mein Dad würde in der Zeit nicht nach Hause kommen. Er hatte Sicherheitsdienst. Mama und ich waren allein zu Hause. Eigentlich änderte sich nicht viel, nur dass wir abends öfters zusammen im Kaminzimmer saßen und redeten. Meine Mutter mochte es, etwas mehr Zeit mit mir zu verbringen, weil sie, während sie ihren Rotwein trank, gerne ein bisschen »schnackte«, wie wir im Norden zu sagen pflegen. Sie erzählte von ihrer Arbeit und beklagte sich gern darüber, wie wenig wertschätzend Patienten oft sind oder dass ihr Rücken wehtat, weil sie den ganzen Tag stand. Außerdem liebte sie Klatsch und Tratsch und erzählte mir von Marcel und dass sie seine Mutter getroffen habe, die nun im Frauenhaus sei: Der Vater habe beide wohl geschlagen und sei alkoholkrank. Ich wusste nicht, was ich dazu sagen sollte, und beobachtete, wie meine Mutter einen großen Schluck Wein zu sich nahm. Ich hatte wenig zu berichten, war den Tag über Heli in einem Flugsimulatorspiel geflogen und einige Male abgestürzt und gestorben. Zum Glück war die Respawn-Zeit in dem Spiel gering, sodass man direkt wieder weiterfliegen konnte. Aber ich vermutete, dass sie das weniger interessierte, deshalb schwieg ich mehr oder minder und trank meinen Tee.

Meine Mutter war eine Nachteule wie ich auch und blieb immer ziemlich lange wach. Sie ging irgendwann ins Schlafzimmer und las noch, während ich mich wieder an den Rechner setzte und die Kopfhörer aufzog. Es wurde spät, aber ich schaute nicht auf die Uhr. Irgendwann ging ich schlaftrunken ins Bad und putzte meine Zähne, als ich draußen am Fenster Schatten bemerkte. Wir wohnten in einem Bungalow, ebenerdig ohne Etagen. Alle Zimmer waren auf einer Wohnebene, und die Küche, das Bad und mein Kinderzimmer waren zur Straße gelegen. Allerdings hatten wir einen Vorgarten, sodass man keine Schatten vom Fußgängerweg am Fenster sehen konnte. Ich hörte auf zu putzen, ließ die Zahnbürste im Mund und bewegte mich nicht. Die Schatten schon.

»Mama, da ist jemand in unserem Garten«, flüsterte ich meiner Mutter zu, nachdem ich aus dem Bad geschlichen war und ihre Tür aufgemacht hatte. Sie wachte nicht auf, ich wiederholte es einige Male und knipste das Licht an ihrem Nachttisch an.

»Mama, du musst kommen, da sind Einbrecher«, sagte ich leise. Sie schlug die Augen auf, stand auf und zog sich ihren Bademantel über, den sie von der Garderobe nahm.

Ohne etwas zu sagen, ging sie in mein Zimmer und stellte sich an die Seite des Fensters. Sie zog die Jalousien ganz langsam hoch, mit nur einem Zentimeter Spaltenbreite, sodass man durch die Schlitze nach draußen sehen konnte, doch es war niemand zu sehen.

Ich ging auch vor und wollte raussehen, aber meine Ma warf mir einen bösen Blick zu, der mir signalisierte, ich solle zurückbleiben. Ich tat es und atmete schneller, weil meine Angst wuchs. Es war nicht das erste Mal, dass jemand unerlaubt auf unserem Grundstück war oder versuchte bei uns einzubrechen. Meine Mutter wollte mir trotzdem am nächsten Tag einreden, dass ich wahrscheinlich nur den Schatten einer Katze gesehen hatte und ich mir keine Sorgen zu machen brauchte. Sie rief Opa an, der nicht weit entfernt wohnte, und fragte ihn, ob er bei uns schlafen könne, da ich beunruhigt sei. Ich wusste, dass sie ihn nicht nur deshalb fragte.

In der nächsten Woche kochte Oma für mich morgens, mittags und abends. Es gab fast immer meine Lieblingsessen: Schnitzel, Lasagne oder Klöße. Man hätte meinen können, sie würde mich mästen für etwas, aber ich glaube, sie meinte es einfach nur gut. Dazu trank ich haufenweise Fanta Exotic und bemerkte selbst, dass ich immer mehr zunahm, da die Jogginganzüge immer enger wurden.

Doch wer verzichtet schon freiwillig auf ein Schnitzel seiner Oma? Am Abend ging Oma nach Hause, und Opa blieb bei uns, so wie auch an einem weiteren folgenschweren Abend. Meine Mutter und er saßen im Kaminzimmer und schauten Fernsehen, während ich in meinem Zimmer saß und Heli flog, was mir allmählich zu langweilig wurde. Ich entschied, ein bisschen früher schlafen zu gehen, und ging noch einmal rüber, um Gute Nacht zu sagen. Als ich einschlief, hatte ich keine Ahnung, dass ich nur einige Stunden später geweckt werden sollte.

Ein Murmeln auf dem Flur, und eine Tür ging auf, danach wieder zu. Ich verstand nicht, was da geredet wurde, aber als ich die Augen aufmachte, schaute ich zur Wanduhr und sah, dass es 3:00 Uhr nachts war. Mitten in der Nacht. Wieso waren Mama und Opa noch wach? Opa ging meist um 22:00 Uhr ins Bett und stand um 5:00 Uhr auf. Das war nicht seine Zeit.

Ich stand auf, ging zu meiner Tür und lauschte. Es war meine Mutter, die da sprach, und sie klang aufgeregt. Ich wusste nicht so recht, was ich tun sollte. Also hörte ich einfach weiter zu und machte erst einmal gar nichts, bis es irgendwann still war. Zu still, sodass es mich immer mehr beunruhigte. Ich nahm den Türgriff in die Hand, hielt ihn ganz fest und machte die Tür leise und langsam lauf, hörte aber immer noch nichts. Der Flur war dunkel, und meine Augen mussten sich erst an die Dunkelheit gewöhnen. Ich ging ihn entlang bis zum Eingang des Foyers, von dem aus die anderen Zimmer abgingen, schaute um die Ecke und sah die beiden: Sie standen in der Küche, das Licht war aus und nur die Jalousien waren wieder einen Spalt hochgezogen, sodass das Licht der Straßenlaterne durchblitzte. Beide waren nur von Lichtklecksen beschienen, und meine Mutter schaute seitlich durch das Fenster, mein Opa stand still neben ihr. Erst als er sich minimal bewegte, sah ich, dass er ein Gewehr in den Händen hielt. Opa war Jäger, er hatte Frettchen zu Hause und ging am Wochenende oft Kaninchen oder Rehe jagen. Die waren aber wohl kaum in unserem Vorgarten.

Sie bemerkten mich nicht. Ich konnte hören, was meine Mutter sagte: »Der eine ist groß und trägt eine Mütze, der andere ist kleiner und hat kurze Haare. Ich ruf jetzt die Polizei.« Mein Opa nahm seine Hand hoch und winkte ab. Er wollte nicht, dass sie zum Telefon ging. Meine Mutter schaute ihn ernst an, nahm den Hörer ab und wählte.

Es dauerte nicht lange, bis die Polizei da war. Ich stand im Türrahmen und war wie versteinert.

Mein Opa brachte das Gewehr in den Vorratsraum, bevor die Polizei hereinkam. Meine Mutter öffnete ihnen die Tür, nachdem sie draußen mit ihren Taschenlampen um das Haus gelaufen waren und laut gerufen hatten: »Hier ist die Polizei. Sie können jetzt unbesorgt die Tür öffnen.«

Es wurden Fingerabdrücke von den Fenstersimsen genommen, und als der Polizist zu mir ging, warf meine Mutter mir den Blick zu, den vorher Opa abbekommen hatte. Ich erzählte ihnen, dass ich gerade aufgewacht war, weil draußen so laute Stimmen zu hören gewesen waren. Die Polizisten waren nicht lange bei uns, und Mama wollte nicht mehr reden in dieser Nacht. Sie schickte mich ins Bett und ging mit Opa ins Kaminzimmer.

Ich bin nicht mehr eingeschlafen, und zwei Stunden später klingelte sowieso mein Wecker. Ich stand auf, nahm meinen Tornister und ging in die Schule. Es war der erste Tag auf dem Gymnasium, und ohne den Vorfall hätte ich mir wahrscheinlich die Nacht über viele Gedanken darüber gemacht, mit wem ich wohl in eine Klasse komme, wie schwierig die Fächer werden, ob ich überall mitkomme. Jetzt war ich nur verwirrt und müde. Keine gute Kombination, denn ich kam irgendwie vom Fußgängerweg ab, und ein Fahrradfahrer erwischte mich fast, musste aufweichen und schrie mich an. Ich taumelte zurück auf meine Seite und ging weiter, ohne seine Worte wahrzunehmen.

Es fing an, wie es in der letzten Schule aufgehört hatte – mit einem Besuch in der Aula. Diese war viel größer als die von der OS, und der Rektor des Gymnasiums war ein kleiner, bärtiger Typ mit Brille. Heute würde man sagen, er sah aus wie eine Figur aus »Der Herr der Ringe«. In meiner Klasse waren viele, mit denen ich auch schon zur Grundschule und OS gegangen war. So auch Mascha, die Freundin von Tanja, die in der Pause zu mir kam und mich fragte, ob es mir schlecht ginge, da ich so blass sei, und ob ich Hilfe bräuchte. Ich erzählte ihr, dass jemand versucht hatte, in der vorangegangenen Nacht bei uns einzubrechen, und sie konnte es kaum glauben.

»Was, echt? Und was haben sie gestohlen?«, fragte sie mich.

»Gar nichts, sie sind ja nicht reingekommen. Die Polizei kam und hat überall Fingerabdrücke genommen«, antwortete ich.

Für Mascha klang die Geschichte wie ein Krimi im Ersten (obwohl ich bezweifle, dass sie Krimis im Ersten schaute). Sie wollte alle Details, aber ich bereute es schon, ihr überhaupt davon erzählt zu haben. Ich versuchte es so zu schildern, dass ich nicht wie der letzte Verlierer rüberkam, der versteinert in der Tür gestanden hatte, während Einbrecher versuchten, ins Haus zu kommen. Es war das erste Mal, dass ein Mädchen mir so lange am Stück gespannt zuhörte – abgesehen von Storchenmami im Chat. Ich genoss das ein bisschen, und es tat auch gut, darüber zu sprechen.

Allerdings verbreitete es sich wie ein Lauffeuer, und am Ende des Tages wusste jeder davon. Unser Lehrer in der sechsten Stunde griff das Thema sogar auf und benutze die Story als Appell an die Klasse, immer abzuschließen und die Fenster zuzumachen, bevor man das Haus verlässt. Meine Situation war neu, denn schon am ersten Tag kannte mich jeder: der Junge, bei dem eingebrochen wurde.

Die erste Woche verging recht schnell, und ich hatte einen guten Start hingelegt, besonders bei den Mädchen. Diese kamen immer wieder in den Pausen an und wollten wissen, ob es schon etwas Neues gäbe, ob man die Täter vielleicht sogar fassen konnte oder ob man wüsste, wer es war. Ich spielte damit. Ich bemerkte aber auch, dass einige Jungs mir böse Blicke zuwarfen, was am Freitag ein wenig eskalieren sollte: Wir saßen alle noch auf den Tischen und aßen etwas, bevor die letzten zwei Stunden eingeläutet wurden, als ich mal wieder berichtete, wie der aktuelle Stand war (der sich seit einer Woche nicht verändert hatte), als Patrick, mit dem ich bis dahin noch kein Wort gewechselt hatte, meine Gestik und Mimik nachäffte, woraufhin einige anfingen zu lachen.

»Ganz ehrlich, bei euch ist doch eh nix zu holen«, sagte er, und ein Raunen ging durch die Klasse. Alle warteten auf meine Antwort, warteten auf einen Schlagabtausch, doch ich antwortete nur: »Wenn du meinst.«

»Ja, ist doch so, ein Bungalow. Ihr hab nicht mal einen zweiten Stock, keinen Keller, keinen Dachboden. Wie so ein Haus aus der Kriegszeit.«

Patrick war gereizt, und ich überlegte, wie ein Haus in der Kriegszeit wohl ausgesehen haben musste. Zum Glück beendete der Lehrer die Diskussion, sodass ich nicht mehr antworten musste, und zwei Stunden später war sowieso Wochenende. Manchmal kam ich mir in der Schule vor wie ein Boxer oder UFC Fighter, der versucht, es in die Ringecke zu schaffen, damit er kurz wieder Luft holen konnte, bevor die nächste Runde begann.

Freitag war der schönste Tag der Woche, und wenn ich zu Hause war, die Zimmertür geschlossen war und mein Rechner hochfuhr, fühlte ich mich am besten. Es lagen zweieinhalb Tage ohne Schule vor mir, und ich schaute beim Zocken zwischendrin immer mal wieder auf die Uhr und rechnete mir selbst aus, wie lange ich noch frei hatte. Die Nächte waren lang, denn ich wollte möglichst viel aus der freien Zeit herausholen. So spielte ich auch an dem besagten Freitag, bis mich die Müdigkeit irgendwann überkam – ich hatte die Woche über im Schnitt vielleicht vier Stunden geschlafen. Ich machte mich bettfertig, legte mich hin und knipste das Licht an meiner Nachtischlampe aus. Das war das erste Mal seit dem Vorfall, dass ich das Licht wieder ausmachte, die anderen Nächte hatte ich es vorsichtshalber angelassen. Ein Fehler, denn was in dieser Nacht geschah, werde ich nie vergessen.

Es muss zwischen 2:30 und 3:00 Uhr gewesen sein, als ich plötzlich wach wurde, weil jemand mit voller Wucht gegen die Jalousien meines Fensters hämmerte. Mein Bett stand direkt vor dem Fenster, sodass das Pochen direkt über meinem Kopf war. Ich sprang hoch, suchte verzweifelt den Knopf meiner Lampe, verfehlte ihn aber, wusste gar nicht, was in dem Moment los war, schrie aber laut. Meine Eltern stürmten ins Zimmer, und ich erklärte ihnen, dass die Einbrecher da waren. Noch bevor ich es aussprach, machte es für mich selbst keinen Sinn mehr. Welcher Einbrecher würde denn laut an mein Fenster klopfen? Mein Vater rannte trotzdem auf die Straße, vielleicht auch, um mich zu beruhigen, sah aber niemanden mehr.

Ich war völlig fertig, mein Herz raste, meine Mutter saß neben mir und mich machte das alles aggressiv: »Alles gut, alles gut ... du kannst wieder rübergehen, wahrscheinlich habe ich das bloß geträumt«, beruhigte ich sie und schickte sie aus dem Zimmer.

Ich wusste, dass es kein Traum war, und als ich etwas zur Ruhe kam, war mir schon klar, wer da an mein Fenster gepocht hatte.

In der Schule sagte niemand etwas, aber ihre Blicke verrieten sie. Da dachten sich die ganz Harten in der Klasse, dass sie am Freitag, wenn sie länger raus durften, die Zeit doch mal nutzen müssten, um dem Typen, der sich die ganze Aufmerksamkeit krallte, eins auszuwischen, ihm ein bisschen Angst zu machen. »Wahrscheinlich haben sie laut gelacht und sich gefreut, als sie mich schreien gehört haben«, dachte ich mir. Meine Blicke schweiften durch die Reihen, und irgendwas veränderte sich in mir. Ich verspürte Verachtung. Wenn ich daran dachte, presste ich meinen Daumen an den Zeigefinger und ballte die Hand zur Faust.

»Torben«, sagte mein Englischlehrer und legte ein umgedrehtes Blatt Papier auf meinen Tisch. Ich brauchte einen Moment, bis ich verstand, dass er heute einen Test schreiben wollte, um zu sehen, auf welchem Stand wir alle waren. Das hatte ich vergessen.

Nach zehn Minuten stand ich auf und legte den Test auf sein Pult. Er schaute mich fragend an, und ich ging. Ich hatte keinen Plan und einfach irgendetwas hingeschrieben. Das komische Gefühl war immer noch da. Am Nachmittag war ich mit Oma in der Stadt, sie wollte mir zum Schulbeginn ein paar Klamotten kaufen. Mir waren Klamotten nicht so wichtig, ich wusste nicht, was in oder out war. Wir gingen zu C&A für Hosen, und ich suchte mir Fishbone-Sachen bei New Yorker aus (ganz schrecklich – Kommentar aus der Gegenwart).

Bei Karstadt gab es unten eine Spieleecke, in der nur Computer-Games zu finden waren. Ich liebte es, dort zu schauen, ob es etwas Neues gab. Schon als wir die Rolltreppen hinunterfuhren, nahm ich einen großen Pappaufsteller wahr, auf dem ein riesiger Orc zu sehen war. Das Spiel hieß »Warcraft III – Reign of Chaos«, und ich wusste sofort, dass ich das haben wollte.

»Oma, kaufst du mir das Spiel?«, fragte ich, ohne meine Blicke von der Verpackung abzuwenden. Sie nahm es in die Hand, schaute auf den Preis und verneinte: »Das kannst du dir zu Weihnachten wünschen, Torben.«

Ich drehte es in meiner Hand, schaute die Verpackung von allen Seiten an: Orcs, Untote, Menschen und Nachtelfen kämpften gegeneinander. Es war ein Online-Strategiespiel, und ich fragte mich, ob man da wirklich gegen andere Spieler spielte, die auch zu Hause vor ihrem Rechner saßen. Das war neu für mich. Ich schaute meine Oma an und dachte nach, während ihre Blicke über die anderen Spiele, die weitaus günstiger waren, wanderten. Oma hatte diesen »Ich suche das rote Schild«–Blick, mit dem sie auf der Pirsch nach Angeboten war, und ich musste ihn unterbrechen.

»Schau mal, wenn ich Warcraft bekomme, dann lerne ich besonders hart für die ersten Klausuren. Du weißt ja, ich werde es schwer haben, weil ich doch nur eine Realschulempfehlung habe«, sagte ich.

Doch das würde noch nicht reichen, ich sah es ihr an.

»Außerdem würde ich nächste Woche auf Taschengeld verzichten, ich borge es mir nur im Voraus sozusagen.«

Wenn ich eines über die Jahre als Einzelkind gelernt hatte, dann, das zu bekommen, was ich wollte. Oma gab nach und schüttelte den Kopf. Sie wusste, dass es falsch war, es mir zu kaufen, konnte aber nicht ahnen, wie falsch.

Zu Hause angekommen installierte ich die einzelnen CDs, und schon der Ladebildschirm sah mega aus: eine animierte Kampfanimation von Orcs und Menschen. Ich konnte wählen zwischen Kampagne und Online. Als ich mich für Multiplayer entschied, öffnete sich ein weiterer Auswahlbildschirm, um Account-Name und Passwort einzugeben. Ein Löwe mit blauen Augen schien die Daten zu bewachen, und ich stand wieder vor der Entscheidung, einen Namen wählen zu müssen. Ich nahm ein Blatt Papier und testete ein wenig herum, was cool aussah und zu mir passte. Ich fand den Buchstaben »X« schon immer besonders ästhetisch und wollte unbedingt einen kurzen Nick haben, und so entstand auf einem Blatt Papier »Xoui« – der Gamername, der für die nächsten zehn Jahre meine Identität werden sollte. Die blauen Augen des Löwen leuchteten auf, und die Tore öffneten sich. Ich war das erste Mal im Battle.net – eine Online-Plattform, in der es Chats gab und man mit anderen spielen konnte. Der Moment hatte etwas absolut Magisches, und ich war sofort Feuer und Flamme. Hier chatteten nur andere Gamer, alles Gleichgesinnte. Ich wusste damals nicht, dass es der Release-Tag des Spiels war. Ich war also von Tag eins an mit dabei, und ich merkte, wie es immer mehr Spieler wurden. In die Chats passten jeweils 250 Menschen, und es gab bereits neun allgemeine Chats, die alle voll waren.

Ich klickte auf »Spielen« und verlor innerhalb weniger Minuten mein erstes Match.

Mein Gegenspieler schrieb »GG«, als er meine Basis mit seinen Nachtelfen zertrümmerte. Ich wusste nicht, was es bedeutete, wusste ja allgemein nicht, wie das alles funktioniert, war jedoch überwältigt davon, dass man hier nicht gegen die KI – den Computer –, sondern gegen echte Menschen spielte. Wenn das Spiel vorbei war, landete man automatisch wieder im Chatraum. Dort wurde fleißig über Strategien diskutiert, Trash-talk betrieben, und man lud einander für gemeinsame Games ein. Ein Spieler in der Lobby schrieb, dass er gerade einen Tower Rush (eine Art schneller Angriff) gemacht habe und nach nur vier Minuten das Spiel damit gewinnen konnte. Ich klickte auf sein Profil und sah, dass man einen Overall Score hat, der den »Rang« des Spielers bestimmt. Der Typ hieß »JuzamDjinn« und war Rang 18 mit elf Siegen und bisher ohne Niederlagen. Ich verstand, und meine Hand ballte sich zu einer Faust, das zweite Mal heute schon.

Es packte mich, ich suchte auf Google nach Foren und Guides, um das Spiel zu verstehen und besser werden zu können. Auf die Uhr achtete ich gar nicht mehr und spielte bis in die Morgenstunden. Hätte ich im Flur keine Geräusche gehört, hätte ich nicht aufgehört. Diesmal war es nicht meine Mutter oder mein Opa mit Gewehr, sondern mein Vater, der duschen ging und sich für die Arbeit fertig machte. Also musste es 5:00 Uhr morgens sein. Ich hatte kein Abendessen und dem Magengrummeln nach zu urteilen auch nichts zum Mittagessen gehabt. Jetzt würde es sich nicht mehr lohnen, schlafen zu gehen, weil in eineinhalb Stunden mein Wecker klingeln würde, also blieb ich in der Battle.net-Lobby und chattete noch ein wenig. Mein Score: zwei Siege und elf Niederlagen. Ich merkte seit den letzten zwei Spielen, dass meine Gegner immer schlechter wurden. Oder sie waren müde, so wie ich. Damals wusste ich noch nichts von dem Matchmaking-System und wie die Spiele einen Gegner zuweisen. Ich spielte einfach nur und liebte es.

Es war ein Rausch, ein unglaublicher Rausch. Ich hatte noch nie Alkohol getrunken oder Drogen genommen, aber ungefähr so musste sich das anfühlen, wenn du high bist. Der Moment, wenn deine Einheiten die gegnerischen töten, wenn du merkst, dass du immer mehr Spieler auf dem Feld hast als der Gegner und du kaum noch den Kampf verlieren kannst. Danach läufst du in seine Basis und machst sie kaputt. Wenn das Haupthaus fällt, bist du der Gewinner. Ich ballte die Faust, als ich daran dachte, und sah mich auf dem Thron. Tatsächlich saß ich in Physik.

Herr Peters malte Formeln an die Tafel und brabbelte dabei irgendetwas. Ich war ganz woanders. Wenn ich aufgerufen wurde, tat ich so, als wenn ich überlegen müsste, aber ich hatte die Frage gar nicht mitbekommen.

»Wir werden ein Experiment durchführen, und ihr macht euch bitte Notizen. Wir besprechen danach, was ihr vernommen habt.«

Ich kritzelte auf den Block und dachte an ein Spiel vom vorherigen Abend. Ich hatte eigentlich vorne gelegen und die ersten 15 Minuten dominiert, dann aber einen blöden Kampf angenommen, als ich die neuen Units noch nicht zu meiner Armee geholt hatte. Beide Helden waren unterlegen. Dadurch waren seine Helden schneller ein paar Level aufgestiegen, und ich hatte schlussendlich verloren.

Ich schrieb auf, wie viele Einheiten ich hatte und wie wertig diese waren und was der Gegner vorzubringen hatte. Zwölf Ghule, zwei Spinnen und zwei Helden gegen vier Ritter, sieben bis acht Milizen und einen Erzmagier. Wieso hatte ich den Kampf verloren? Ich verstand es nicht.

Neben mir saß Ivan. Er war Russe, und die anderen erzählten allerhand Sachen über ihn. Er durchlief die siebte Klasse bereits zum zweiten Mal.

»Was machst du da?«, flüsterte er mir zu.

Ich erklärte ihm, dass ich mir gerade errechnete, wieso ich den Kampf verloren hatte. Er schaute mich fragend an. Als es zur Pause klingelte, erklärte ich es ihm, und er wollte sich das Spiel einmal ansehen. Ich hatte mit Ivan bisher wenig bis gar nichts zu tun gehabt, aber wenn er sich das Spiel holen würde, könnte man ja mal zocken, dachte ich. Wir tauschten unsere ICQ-Nummern aus und verabredeten uns für nachmittags im Chat.

Ich gewöhnte mir an, beim Spielen einen Block neben mir liegen zu haben und mir Notizen zu machen, wenn eine Strategie aufging. Wenn man ein Spiel gefunden hatte, war man für einige Sekunden in einem Ladebildschirm, und in der Zeit schaute ich nach, wie ich spielen wollte, basierend auf der Rasse des Gegenspielers (Mensch, Nachtelf, Orc oder Untoter). So legte ich mir Schachzüge zurecht für die verschiedensten Situationen. Ich spielte so viel, dass ich immer mal wieder auch auf die gleichen Leute traf und schon wusste, wer zu welcher Uhrzeit online war und nach einem Spiel suchte. Ich selbst spielte die Untoten, und mein Lieblings-Match-up war gegen Menschen. Es kam mir am leichtesten vor. Jede Rasse hatte so seine Vor- und Nachteile. Es ist ein bisschen wie Stein, Schere und Papier. Untote waren gut gegen Menschen, hatten es jedoch nicht leicht gegen Nachtelfen, die hatten es wiederum schwer gegen Orcs und so weiter. Spielte man gegen seine eigene Rasse, kam es auf den Skill an, wer besser war.

»Xoui vs. Souli« stand in der bronzefarbenen Plakette. Mein Gegner hatte einen ähnlichen Namen wie ich. Ich schmunzelte und schrieb direkt zu Beginn der Partie ein paar Smilies in den Chat. Er antwortete nicht. Auch nachdem ich ihm viel Glück gewünscht hatte, was in unserer Sprache »HF GL« geschrieben wird (have fun & good luck), kam nichts. »Bad manner«, dachte ich mir und begann zu spielen. Es konnte auch gut sein, dass er gerade nicht vor seinem Computer saß, aber ich entschied mich, einfach normal aufzubauen. Ein Blick auf meine Notizen, und ich wusste Bescheid. Nach acht Minuten sah ich ihn das erste Mal, und seine Armee war ungefähr so groß wie meine. Ich entschied mich, zu kämpfen. Es dauerte keine Minute, und ich hatte alles verloren. Mein Held war tot und auch jede einzelne Einheit.

»What?«, schrieb ich in den Chat.

Er antwortete mit einem Zwinker-Smilie. Meine Hände waren schwitzig, ich wischte sie an meiner Hose ab und krempelte die Ärmel über meine Handgelenke. Ich mochte das beim Spielen, es gab mir mehr Haftung am Schreibtisch. Das reichte dieses Mal allerdings nicht, denn in unter 15 Minuten schlug mein Gegner auf mein Hauptgebäude ein. Ich tippte »GG« in den Chat und verließ das Spiel. »GG« bedeutet »good game«. Man schreibt es, wenn man verloren hat oder wenn man gewinnt und den Gegner provozieren möchte. Es ist so wie beim Basketball, wenn der Gegner die letzten Sekunden den Ball ausdribbeln will und nicht mehr angreift, weil er weiß, dass er verloren hat, du ihn aber stiehlst und nochmal reinslamst. Einfach, um ihn zu verhöhnen.

Mit »teach me how you did it« schrieb ich ihn im privaten Chat an und wollte genau wissen, wie er das gemacht hatte. Es begeisterte mich, da ich noch nie jemandem so extrem unterlegen war. Wir gingen zusammen in ein Spiel, und er versuchte mir zu zeigen, wie er seine Einheiten bewegte und steuerte, damit er weniger Schaden nahm. Ich verstand, und wir spielten noch einige Partien, in denen ich zwar immer verlor, aber zumindest auch anfing, bei ihm Schaden zu verursachen. »Have to go my friend, gl in future«, schrieb Souli und ging offline.

Ich fügte ihn in meiner Chatliste als Freund hinzu, sodass ich sehen konnte, wann er online war. Die nächsten Spiele gingen bedeutend besser, die Tipps von ihm trugen Früchte und ich wartete darauf, dass er wieder zurückkam. Souli spielte definitiv nicht so viel wie ich, aber war um einiges besser. Seine Statistik zeigte 49 Siege und 22 Niederlagen, ich stand bei 95 Siegen und 91 Niederlagen – immerhin das erste Mal mit über 50 Prozent Winrate. Es dauerte zwei Tage, bis die Leuchte an seinem Namen grün wurde, und ich schrieb ihm sofort eine Nachricht, ob wir wieder trainieren wollten. Er wollte lieber Solo Games zocken und in der Rangliste weiter nach oben klettern. Dort war er zurzeit Platz 47, was unglaublich gut war, da es schon Hunderttausende Spieler gab. Ich verstand das natürlich, aber wollte unbedingt von ihm lernen.

»I can pay you money!«, schrieb ich, ohne darüber nachzudenken, woher er überhaupt kam und wie ich ihm das Geld geben sollte.

»How much?«, kam nur wenige Sekunden später als Antwort. Wir einigten uns auf 90 D-Mark die Stunde, ich sollte ihm das Geld überweisen. Das Problem war nur, dass ich zwölf Jahre alt war und kein eigenes Konto besaß und auch keine 90 D-Mark. Im Gegenteil: Ich hatte Schulden bei Oma, aber das hatte sie mit etwas Glück schon vergessen. Sie war ja auch nicht mehr die Jüngste.

»Du willst jemandem Geld überweisen, den du nur aus dem Internet kennst? Nachhilfe gibt es doch auch hier vor Ort. Wir können aus den Anzeigen der Tageszeitung jemanden suchen, der einmal die Woche zu uns kommt und dir hilft«, sagte meine Mutter und schaute mich dabei fragend an. Ich hatte ihr erzählt, dass ich eine Internetseite gefunden hatte, auf der man sich einen Nachhilfelehrer online buchen konnte, der einem im Teamspeak und über Teamviewer den Stoff beibrachte.

»Nein, das ist nicht so gut. Ich habe jemanden gefunden, der voll in der Materie ist, und auch schon mit ihm geschrieben«, antwortete ich und setzte meinen Rehblick auf, braune Augen sei Dank (die mich auch später im Leben noch oft gerettet haben).

»Außerdem, Torben, 90 D-Mark für eine einzige Stunde Nachhilfe? Das ist doch viel«, war ihre Antwort, ohne mich wirklich anzusehen. Ich fragte mich, was sie wohl sagen würde, wenn sie herausfand, dass die 90 D-Mark nicht für Nachhilfeunterricht gedacht waren, sondern mein Investment in ein Computerspiel.

Rückblickend denke ich, meine Eltern wussten, dass ich sie in dem Moment anlog. Aber spätestens dürfte es ihnen klar gewesen sein, als das Geld nicht an Hans Uwe aus Schwanthal, einen pensionierten Lehrer, ging, sondern an Ivan Z. aus Moskau. Sie akzeptierten es und überwiesen. Ivan zeigte mir nicht nur im Spiel eine Menge neuer Sachen, sondern auch darüber hinaus. Er erzählte mir, dass er bei jedem Spiel Notizen machte, die Spiele aufzeichnete und für sich selbst jede Niederlage analysierte. Er trank viel Wasser beim Zocken, damit er beim Spielen hydriert blieb und seinen Fokus nicht verlor.

»Wow, I did not know that this is important for gaming«, antwortete ich in meinem Schulenglisch, das nicht viel schlechter war als seines. Ich sog alles auf und versuchte, das Gelernte so schnell wie möglich umzusetzen. Wenn ich von der Schule kam, presste ich eine Zitrone in eine 1,5-Liter-Wasserflasche und ging damit in mein Zimmer. Ich wischte meine Tastatur und meine Maus ab, zog meinen Jogginganzug an, setzte mich an den Rechner und schaute mir als Warm-up immer ein Replay der Spiele des vorherigen Tages an.

»Don't eat while you play«, sagte Ivan immer, weshalb ich öfter vergaß, nach der Schule zu essen, und bis abends durchspielte. Ich merkte, dass ich mich besser fokussieren konnte und auch gut drauf war, wenn ich so ein leichtes Hungergefühl hatte. Sobald es allerdings zu viel wurde, bekam ich Kopfschmerzen. Ich musste also immer das richtige Timing finden, wann spätestens gegessen werden musste.

Ich spielte diszipliniert am Tag acht bis zehn Stunden Computer. Um 13:00 Uhr kam ich heim und spielte dann bis in die Nacht durch. Nach sechs Monaten gehörte ich zu den besten Spielern des Spiels. Ich habe drei Jahre lang nichts anderes gespielt, keinen Gameboy mehr, keine Konsole. Nur dieses eine Spiel, immer und immer wieder.

»Papa, du musst mich hinfahren, und wenn es geht, dort bleiben mit mir am Wochenende«, sagte ich und schaute meinen Vater verheißungsvoll an.

»Torben, ich versteh nicht, wieso du nicht einfach zu Hause spielst. Freiburg? Weißt du, wie weit das weg ist?«

Ich wusste es, denn ich hatte im Internet nachgeschaut, aber es war das erste Turnier, das es für »Warcraft III« gab. Ich wollte unbedingt dabei sein. Es war eine LAN-Party, auf der man einen Pokal und ein Preisgeld von 500 D-Mark gewinnen konnte. Ungefähr so viel hatten meine Eltern auch Ivan schon überwiesen, und irgendwann verriet ich ihnen auch, wofür das Geld wirklich war. Meine Eltern unterstützten mich dabei, obwohl sie nicht wirklich verstanden, was ich dort tat (da hat sich bis jetzt nicht viel dran geändert), wofür ich ihnen bis heute sehr dankbar bin. Wir hatten den Deal, dass ich spielen durfte, solange meine Noten in Ordnung waren. Das war meine Motivation, die Schule nicht komplett schleifen zu lassen und immer so effizient wie möglich alles zu erledigen.

Ich musste meinen Dad schon noch etwas bearbeiten, aber irgendwann gab er nach. Wir fuhren tatsächlich nach Freiburg, und am Abend vor der Abreise packte ich meine Sachen. Freitag nach der Schule würde es sofort losgehen. Ich wollte nicht mit einer fremden Maus spielen, deshalb nahm ich meine mit, genauso wie meine Tastatur und mein Mauspad. Ich wollte vor Ort das gleiche Feeling haben wie zu Hause. Beim Packen spürte ich die Nervosität aufkommen, aber auch die Euphorie. Ich wollte unbedingt dort mitspielen und gewinnen. Ich kannte viele der Spieler aus dem Internet bereits, hatte einige Male schon gegen sie gespielt, auf der anderen Seite wusste ich aber auch nicht, wie sie wohl in echt drauf sein würden. Was würde sein, wenn ich so gar nicht gut ankam? Wenn mir jemand meinen aggressiven Spielstil übel nahm und mich auf der LAN zur Rede stellen würde? Gott, wie unangenehm wäre es, wenn mein Vater sich vor mich stellen müsste. Die anderen waren alle mindestens 16 Jahre alt und reisten, soweit ich wusste, allein an.

Papa musste sich auf jeden Fall verstecken, die sollten nicht unbedingt wissen, dass ich ein Elternteil im Schlepptau hatte.

Auf der Fahrt fragte er mich aus und versuchte zu verstehen, wie dieses Spiel überhaupt funktionierte und worauf es ankam. Weil ich mit den Rassen anfing, musste ich ihm erst einmal eine Stunde lang erklären, dass diese Rassen nichts mit Rechtsextremismus zu tun haben und Nachtelfen und Untote gegeneinander spielen. Er machte irgendwann Musik an und gab auf. Ich muss zugeben, dass die Thematik für einen Außenstehenden auch gar nicht so leicht zu verstehen ist.

Als wir ankamen, parkten wir direkt vor dem Gebäude, und ich ging zum Registrieren. Ich erklärte meinem Dad, dass wir am besten gemeinsam eincheckten, er sich dann aber alles allein anschauen sollte. Ich nahm meinen Eastpak-Schulrucksack, dessen Inhalt, der normalerweise aus Schulmaterialien bestand, ich gestern Abend gegen das Gaming Equipment ausgetauscht hatte, auf die Schultern, und wir gingen rein. Kurz bevor ich meine ausgedruckte E-Mail, die gleichzeitig das Ticket war, hervorziehen konnte, kam mir jemand entgegen.

»Xoui? Bist du es? Hey, was geht, Mann? Ich bin es, Davoor!«

Wir begrüßten uns, und ich wusste überhaupt nicht, was ich sagen sollte. Es war ein unglaubliches Gefühl. Gegen den Typen hatte ich schon so oft gespielt und meistens sogar gewonnen, jetzt stand er vor mir, kannte mich, und wir begrüßten uns mit einem Handshake.

»Hallo, ich bin Davin!«, sagte er zu meinem Vater und streckte auch ihm die Hand entgegen.

»Davin also«, dachte ich.

Davin sollte später noch ein richtig guter Freund werden. Er ist mit 17 Jahren Pokermillionär geworden und kaufte einen Club in Berlin. Auf der LAN flog er in der ersten Runde gegen einen Tower Rush raus, er spielte Mensch.

Als ich mein Set-up vor Ort aufbaute, kamen immer mehr Spieler zu mir, die mich online kannten, und stellten sich vor. Wir sprachen fast nur über Warcraft und nannten uns alle beim Nickname. Es war ein unglaubliches Gefühl. Ich war voller Adrenalin wegen all der Gamer und der Atmosphäre vor Ort. Es wurde gecastet und via Voice übertragen. Damals gab es noch keine Bildübertragung. Man konnte im Spiel zusehen und dabei den Radiomoderatoren lauschen, die es kommentierten.

Ich gewann meine beiden Spiele am ersten Tag, und um meinen Tisch versammelten sich Menschen, die mir dabei zuschauten und applaudierten, wenn ich das Gebäude des Gegners zerstörte. Irgendwann kam ein Mädchen zu mir, sie hieß Nicky und war unglaublich heiß. Sie hatte schwarze Haare, dunkel umrandete Augen und sie war ziemlich kurvig für ihre 16 Jahre. Ich lief rot an, bevor sie auch nur etwas sagte. Sie merkte, dass ich nervös war, und kicherte ein bisschen, stellte sich vor und wollte mich dabei umarmen. Ich hatte keine Ahnung, wie man das machte, und streckte ihr beide Arme entgegen. Ich war komplett verloren.

Sie spielte die Nachtelfen, lobte meine Spielweise und fragte, ob ich später auch noch da sei.

»Keine Ahnung, ehrlich gesagt. Was geht hier später noch?«, antwortete ich und schaute nach unten. Ich wollte überspielen, dass ich feuerrot war. Mir war so heiß.

»Naja, wir trinken, denk ich mal, alle hier noch was, und die spielen da hinten Musik.«

Dass sie mit trinken Alkohol meinte, war mir nicht bewusst, aber irgendwann hatten alle Bier, Cola-Korn oder irgendetwas anderes in der Hand. Ich hatte noch nie Alkohol getrunken, weil ich es eklig fand. Ich wusste, dass meine Eltern sich nach einer Flasche Wein immer veränderten. Dinge, die man mit ihnen dann besprach, wussten sie am nächsten Tag nicht mehr so richtig, und vor allem meine Mutter wurde immer emotional, weinte entweder oder regte sich über irgendetwas auf. Mein Vater legte sich irgendwann stumpf ins Bett und fing an, laut zu schnarchen. So laut, dass ich es bis in mein Zimmer hörte.

Jetzt wartete er unten und fragte mich, ob wir ins Hotel gehen könnten und ob ich fertig wäre. Er telefonierte zwischendurch mit meiner Mutter, und ich hätte gern gewusst, was er ihr von diesem Tag erzählte. Es zog mich schon zu der Gruppe aus Spielern, mit denen ich das letzte halbe Jahr jeden Tag verbracht hatte, und auch zu Nicky, aber ich traute mich nicht und verschwand einfach.

Am nächsten Morgen waren alle verkatert, was mir sehr zugute kam. Ich gewann wieder alle meine Spiele, der Radiocaster wollte ein Interview mit mir führen für ein Newsportal im Internet. Meine Spiele wurden als Replaypack zum Download angeboten und Hunderte Mal herunterladen. Ich realisierte das gar nicht richtig, denn ich war wie in einem richtigen Rausch. Diese ganzen Menschen vor Ort, die einen kannten und lobten, die nur über Gaming sprachen und für die das anscheinend auch ihr Leben war. Wieso war in meiner Klasse in der Schule niemand so? An dem Abend lag ich im Hotelbett und wünschte, jeder Tag würde genau so aussehen mit genau diesen Menschen. Ich konnte gar nicht einschlafen, musste die ganze Zeit daran denken und war so dankbar, dass mein Vater mich fuhr, der sich wahrscheinlich die ganze Zeit langweilte.

Am Sonntagmorgen war das Finale, und ich sollte gegen einen Spieler antreten, gegen den ich auch online schon oft verloren hatte. Er hieß Savage7, benannt nach »Macho Man« Randy Savage, einem Wrestler aus der WWF. Ich hatte Wrestling mal bei Oma und Opa in Bonn geschaut und fand es krass, wie die sich im Ring verprügeln. Damals wusste ich nicht, dass alles Show ist. Mit Savage7 hatte ich bisher noch gar nicht gesprochen, er war mit seinem Kumpel da und vermutlich mit seinen 19 Jahren der älteste Teilnehmer. Er hatte auch wenig Lust, mit den anderen zu sprechen, und irgendwie mochte ihn keiner so wirklich. Er hatte kurze Haare, trug eine Brille und kam sogar aus Freiburg. Später erfuhr ich, dass er ein bisschen rechts gewesen war und auf den LAN-Partys kein unbeschriebenes Blatt.

Das Finale wurde richtig aufgebauscht, und es standen nicht nur ein paar Menschen um meinen Rechner, sondern ich wurde gefühlt von der ganzen Halle belagert, die darauf wartete, dass wir gegeneinander spielten. Wir gaben uns zur Begrüßung die Hand. Das wurde sogar mit einem Bild für eine Newsseite festgehalten. Meine Hände waren schwitzig, und ich wischte sie vor Beginn immer wieder an meiner Hose ab. Ich kam nicht damit klar, dass es jetzt um alles ging. Bis dahin hatte ich das alles als Spaß gesehen. Wenn ich jedoch jetzt zwei Spiele von drei gewinnen würde, dann gehörten mir der Pokal und auch die 500 D-Mark.

Ich hatte zwar meinen Eltern gesagt, dass ich dafür hinfahren würde, aber ich hatte nicht wirklich daran geglaubt, dass ich bis ins Finale käme. Nicky stand direkt neben mir, und ihr Parfüm stieg in meine Nase. Sie trug einen Slipknot Hoodie, der ihr viel zu groß war. Ich hasste die Musik, aber liebte ihren Look.

Das Spiel begann mit einem Countdown: Drei, zwei, eins, und es ging los. Ich lag nach wenigen Minuten schon vorne, und mein Mauspad war voller Schweiß. So energisch hatte ich noch nie gespielt. Ich wippte mit den Beinen und versuchte, mich irgendwie zu konzentrieren, aber mit all diesen Menschen um mich herum fiel mir das nicht gerade leicht.

Kurz bevor es zum entscheidenden Kampf kam, bewegte sich mein Mauszeiger komisch, ich rüttelte an der Maus, die jetzt irgendwelche Aussetzer hatte. »Verdammt«, dachte ich, »wahrscheinlich ist sie von unten nass geworden.« Savage7 griff mich an, doch ich konnte meine Einheiten nicht steuern und verlor. Es ging ein Raunen durch die Halle, ich legte mein Headset ab und schaute nach hinten, ob irgendein Admin in Sichtweite war, der das checken konnte, und hörte noch die letzten Worte des Casters, der mit einer leichten Verzögerung ins Internet streamte und sagte: »Oh, da hat Xoui aber die Kontrolle verloren. Den Kampf hätte er gewinnen müssen, schlecht gespielt vom Untoten.«

Schlecht gespielt? Warum sagte er das? Ich konnte meine Maus nicht bewegen, verdammt nochmal! Es regte mich auf, und ich schnaufte. Auch Davin warf mir einen enttäuschten Blick zu und ging sich etwas zu essen holen. Ihm folgten einige der Leute, die hinter mir standen. Ich realisierte gar nicht mehr richtig, was hier gerade passiert war, und Savage7 gewann auch das zweite Spiel, dank kleinerer Verzögerungen auf meinem PC, nahm sich den Pokal und hielt ihn in die Luft. Die anderen gingen zu ihm rüber, einige wollten sogar Bilder machen.

Der Admin checkte meinen Rechner, als alles vorbei war, und meinte, es sei alles in Ordnung. Ich nahm meine Maus fest in die Hand, donnerte sie auf das Mauspad, sodass sie zersprang, stand auf und ging vor die Halle. Draußen kamen mir die Tränen. Ich wusste nicht, wann ich das letzte Mal geweint hatte. Ich wollte nur noch nach Hause. Am besten holte mein Dad meine Sachen da raus, und wir fuhren los. Da kam ein Typ zu mir gelaufen und sprach mich an.

»Er hat geschummelt. Hat er schon mal gemacht. Lass mich raten, du konntest deine Maus nicht bewegen?«, sagte er und presste die Lippen zusammen, als wüsste er genau, was passiert war.

»Genau! Woher weißt du das?«

»Das ist nicht das erste Mal, dass Chris das macht. Er wurde in Köln letzte Woche sogar disqualifiziert, weil er einem Spieler eine DDoS-Attacke geschickt hat, die seinen Rechner komplett lahmgelegt hat.«

»Du musst mit reinkommen und denen das sagen! Ich hätte niemals verloren«, sagte ich aufgeregt zu ihm, aber er schüttelte den Kopf.

»Keiner wird hier etwas gegen ihn sagen, glaub mir.«

Auf dem Weg nach Hause sagte ich auch kein Wort mehr. Mein Vater hielt einen Monolog darüber, wie gut ein zweiter Platz sei, und dass er früher auch oft den zweiten Platz in etwas gemacht habe.

Seine Worte erreichten mich allerdings nicht. Ich konnte nicht glauben, wie ungerecht das alles war.

Es war richtig spät, als wir zu Hause ankamen. Meine Mutter empfing mich freudestrahlend und wollte mich in den Arm nehmen, aber ich winkte ab und ging in mein Zimmer, wie ein schlechter Verlierer und ein undankbarer Sohn. Ich lag sicher einige Stunden auf dem Bett und hatte all diese Bilder vor Augen. Die Menschen vor Ort, die mich feierten und die von mir am Ende enttäuscht waren. Nicky, die am Anfang mit mir chillen wollte und am Ende mit dem anderen Wichser ein Bild gemacht hatte. In den Comments im Internet redeten sie von »Nerven verloren« und spekulierten über mein Alter. Was ein Scheiß!

Ich ging zum Rechner und machte den Monitor an, ging auf Google und gab ein: »Warcraft III Hack«. ENTER.

OUTSIDE THE BOX

In dieser Nacht übertrat ich das erste Mal eine Schwelle, die ich von da an häufig übertreten sollte, und die darauffolgende Zeit prägte mich wie sonst keine. Ist das Leben wirklich fair, oder gewinnen am Ende doch eher die, die Schlupflöcher suchen, erfinderisch sind und das Spiel zu ihren Gunsten manipulieren? Savage7 hatte es vorgemacht, denn er war kein besserer Spieler, aber das Geld und die Anerkennung bekam er trotzdem.

Unser Gehirn wird oft von kognitiven Verzerrungen geleitet: Eine dieser Verzerrungen ist die der Bestätigung. Wenn wir als Kind beispielsweise immer wieder eingetrichtert bekommen, dass das Leben fair ist und man dafür hart arbeiten muss, um gute Noten zu schreiben, damit man später im Job viel Geld verdienen kann, dann wollen wir nichts anderes glauben. Vielmehr suchen wir nach weiteren Indikatoren, die genau diese These bestätigen, und blenden alles andere aus, das uns daran zweifeln lässt.

Ich hatte mir bis zu diesem Zeitpunkt nie die Frage gestellt, ob mein Leben »fair« verlief und ob es vielleicht die anderen waren, die mir Unrecht taten. Jetzt aber sah ich, dass es andere Möglichkeiten gab als den geradlinigen Weg, und meine anfängliche Wut darüber wandelte sich in echtes Interesse.

KOGNITIVE VERZERRUNG

Kognitive Verzerrungen spielen unserem Gehirn einen Streich und sind bei uns allen vorhanden. Es gibt in der Wissenschaft 24 große bekannte, und eine von denen ist die Verzerrung durch Bestätigung: Wir lieben Bestätigung und das Gefühl, wenn wir recht haben. Suchen oftmals gezielt danach und blenden Argumente, die unserer These widersprechen, aus. Beschäftige dich mit kognitiven Verzerrungen, um dein eigenes Verhalten und das deiner Mitmenschen besser zu verstehen.

Ich fing an, bei Computerspielen zu betrügen, indem ich Hacks benutzte, die ich aus Foren im Internet hatte. Anfangs waren es Kleinigkeiten, sodass meine Einheiten schneller waren oder ich den Gegner in einem unsichtbaren Gebiet aufspürte. Später schickte ich ihm DDoS-Attacken, die sein Internet in die Knie zwangen und mich automatisch das Spiel gewinnen ließen. Das ging noch schneller.

So erklomm ich das zweite Mal die Ranglisten bei »Warcraft III«. Und nun war es viel einfacher als beim ersten Mal.

Irgendwann kam ich auf die Idee, das auch aufs echte Leben zu übertragen und mir meine neuen Fähigkeiten zunutze zu machen. Mit Ivan hackte ich die Rechner unserer Lehrer. Wir gaben vor, Laptops und Computer in Windeseile reparieren zu können, und installierten dabei Trojanische Pferde. Damit konnte man von zu Hause aus auf andere Rechner zugreifen und die Daten herunterladen: Klausuren, E-Mails und Privates.

Es ging so weit, dass Ivan irgendwann unseren Lateinlehrer erpresste, der ihm eine Sechs geben wollte, mit der er von der Schule geflogen wäre. Er gab ihm in einem Gespräch zu verstehen, dass er kompromittierende Beweise seiner Affäre an seine Frau leiten könnte, sollte er ihm tatsächlich eine Sechs geben. Was bei *Detektei Trovato* auf SAT1 passierte, war für uns real geworden, nur ohne Fernglas und durchlöcherte Zeitung, aber mit Scripten, die mit unserer Rechnerleistung Accounts hackten.

Als es einige Jahre später in Richtung Zentralabitur ging, mussten wir erfinderisch werden, denn die Klausuren wurden nicht an die Lehrer privat geschickt, sondern an den Schulrechner. Wir erklärten der Putzfrau, dass wir in dem Serverraum unseren Haustürschlüssel verloren hätten und unbedingt noch einmal hinein müssten, um ihn zu holen, da wir sonst zu Hause nicht reinkämen, und leiteten die ankommenden Datenpakete an uns weiter. Eine Mitschülerin half uns am Abend zuvor, die Arbeiten auszufüllen, und wir lernten gerade so viel auswendig, dass es am Ende nicht auffallen würde. Das Abitur 2007 unter dem Motto »Habiwaii – 13 Jahre Urlaub« wurde für uns zur Realität.

DEUTSCHES STRAFGESETZBUCH

Zur **VERJÄHRUNG** *gem.* § *78a StGB*[06]:

1. **DIE VERJÄHRUNG BEGINNT, SOBALD DIE TAT BEENDET IST.**
2. **TRITT EIN ZUM TATBESTAND GEHÖRENDER ERFOLG ERST SPÄTER EIN, SO BEGINNT DIE VERJÄHRUNG MIT DIESEM ZEITPUNKT.**

Im Internet wurde ich immer bekannter, und es gab nur vereinzelt Leute, die mein Spielverhalten als »merkwürdig« beschrieben, bis wir es irgendwann übertrieben. Ein TV-Sender veranstaltete einen

---

06   https://dejure.org/gesetze/StGB/78a.html

Contest für ein Computerspiel, bei dem man ein Auto gewinnen konnte. Ivan und ich wollten uns das unbedingt holen. Verständlich, wenn man 14 Jahre alt ist und noch keins besitzt. Es reichte diesmal allerdings nicht, die anderen Spieler zu manipulieren. Wir brauchten vor allem einen hohen Highscore, und diesen konnte man nur über den Server verändern. Allerdings gab es diesmal keine Putzfrau, die uns hineinließ. Wir mussten ihn hacken. Es dauerte eine Woche, in der wir nichts anderes machten, dann waren wir drin. Im Internet und in diversen Foren fanden wir die Anleitungen und Skripte dazu. In der Euphorie machten wir jedoch einen entscheidenden Fehler und verpassten es, den Proxy richtig einzustellen, sodass unsere IP-Adresse kurzfristig zu sehen war. Wir bemerkten es allerdings erst, als es schon zu spät war.

Ich werde nie den Moment vergessen, als ich eine E-Mail von den Anwälten des TV-Senders bekam, in der stand, dass wir uns unerlaubt Zutritt zu den Servern verschafft hatten und mit der Manipulation der Spielergebnisse einen siebenstelligen Schaden verursacht hätten, aufgrund der abflachenden Teilnahme durch den viel zu hohen Score (der für das Spiel fast unmöglich war).

Ich rief sofort Ivan an, und auch er hatte die Nachricht schon gelesen. Wir waren das erste Mal in die Enge getrieben, und unser Motto »Gamify your life« schien erstmalig nicht mehr aufzugehen. Wir brainstormten und entschieden uns für die Offensive. Wir riefen den TV-Sender an und erklärten, dass wir zwei junge Typen waren, die gerade im Aufbau einer Firma wären, die Sicherheitslücken aufdeckt. Die Manipulation des Scores war nur der Versuch, darauf aufmerksam zu machen. Ich bin mir sicher, dass sie uns nicht glaubten, aber da es mittlerweile Nachahmer gab und sie einen gewissen Druck hatten, war es möglich, einen Deal zu schließen.

Wir halfen ihnen dabei, den Server sicherer zu machen. Vom Gewinnspiel wurden wir ausgeschlossen. Die Tatsache, dass wir beide noch gerade so minderjährig waren, half uns. Ivan gründete später tatsächlich ein Unternehmen mit genau diesem Unternehmenszweck, das er bis heute erfolgreich betreibt.

Ich ging weiter den Weg des Gamers mit dem Unterschied, dass ich nun die Spielregeln akzeptierte. Damit hatte ich zuerst in meinem Leichtsinn nicht gerechnet und war mir der Konsequenzen nicht bewusst gewesen: Alles im Leben ist ein Tausch. Wenn du auf der einen Seite deine Chancen vergrößern willst, verringerst du sie auf der anderen. Zu schummeln bedeutete einen klaren Sieg ohne Anstrengung, doch auf der anderen Seite stand das Risiko, erwischt zu werden, samt aller Folgen.

So verdiente ich im Alter von 16 Jahren mein erstes eigenes Geld, finanzierte später sogar mein Studium davon und musste nie einen Nebenjob ausüben oder BAföG beantragen.

OUTSIDE THE BOX zu sein bedeutet nicht, komplett aus dem System auszusteigen Es ist wichtig, zu verstehen, dass wir nicht die Vorzüge unseres Rechtsstaates genießen können, ohne die Regeln zu beachten und mögliche Sanktionen in Kauf zu nehmen. Was ich aber verstand, war, dass diese Grenzen einen gewissen Spielraum bieten und dieser Spielraum uns das Leben erleichtern kann. Natürlich ist es nicht schön, zu wissen, dass eine schöne Frau mit Kurven Vorteile genießt, und dass ein tiefer Ausschnitt schon die eine oder andere Frau vor einem Strafzettel bewahrt hat, oder dass Menschen, die dem allgemeinen Schönheitsoptimal entsprechen, auf Social Media schneller an Reichweite gewinnen und es bei der Suche des Partners leichter haben. Es ist nicht erfreulich, dass Vitamin B hilft, die höchsten Positionen in Firmen zu besetzen, und nicht der Grad des Wissens oder der Ausbildung. Aber noch unschöner ist es, genau dieses System nicht zu durchschauen, sich zwar zu wundern, warum es geschieht, es gleichzeitig aber auch zu akzeptieren, ohne nach Antworten zu suchen. So machen es nämlich die meisten Menschen.

Ich lernte es, mich aus der Realität »herauszuzoomen«, weil ich für mich im Internet eine Parallelwelt gefunden hatte, die mir das ermöglichte.

Mir war das »Reallife« nicht so wichtig wie anderen Menschen. Ich lebte lieber in der virtuellen Welt. Zehn Jahre meines Lebens verbrachte ich dort und beobachtete ganz genau, was um mich herum passierte. Ich sah Menschen aufsteigen und wieder fallen. Manche Dinge bauen sich vor unserem bloßen Auge wie eine Mauer auf, weil sie uns so nah sind. Meist ist es vor allem das emotionale Fundament, die Verankerung durch Freundschaften und Partnerschaften, die dazu führt, dass wir etwas nicht erkennen.

ZOOM OUT

Ich empfehle, mindestens einmal im Monat die gewohnte Umgebung zu verlassen und ein »Zoom out« zu praktizieren. Gehe dabei auf die Metaebene deiner aktuellen Passion, damit du danach nicht süchtig wirst. Ein »Zoom out« sorgt dafür, dass wir rationalisieren und Probleme einfacher lösen können. Oft gehen uns Probleme so nah, dass wir emotional werden und die Kontrolle verlieren. Ein Umgebungswechsel hilft, da er gewohnte Muster sprengt und Abstand zulässt.

Vermutlich hat jeder irgendwann einmal diese Erfahrung machen müssen oder von Geschichten dieser Art gehört: Nach 25 Jahren merkt ein Mann, dass seine Frau ihn schon lange betrügt und ihre Liebe kurz nach der Hochzeit verblasste, aber er will die Anzeichen nicht wahrhaben, hat sich zu sehr daran gewöhnt, dass sie abends da ist und er sich an sie schmiegen kann, obwohl sie in Gedanken bei ihrem Liebhaber ist. Zu groß ist die Angst davor, einmal Abstand zu gewinnen und sich klar zu werden, dass eine Trennung schon vor Jahren das Beste gewesen wäre. Mit Anfang 40 werden die Gedanken eines anderen stärker, dass der Job, den er noch 30 Jahre ausführen würde, nicht der ist, der ihn wirklich erfüllt. Aber was bringt einem die Erkenntnis, wenn man keine Alternative kennt? Je älter man wird, desto voller ist auch der Rucksack auf den Schultern. Mit einem Kredit fürs Haus, der abbezahlt werden muss, zwei Kindern, die sich in der Schule schwertun und für die man sorgen muss, und mit einer Frau, die sich aufopferungsvoll um alles kümmert, fallen einem die Gedanken für einen Neuanfang schwerer als mit Anfang 20. Da konnte man den Eltern noch verklickern, dass man ein Jahr Work und Travel auf Ananasplantagen in Australien machen wollte, obwohl man in Wirklichkeit vorhatte, seinen sexuellen Horizont zu erweitern, mit anderen Pilze am Strand zu nehmen oder eine Ayahuasca-Zeremonie zu besuchen, um sich selbst zu finden. Oder um im Rausch das erste Mal Analsex zu haben.

Für mich war der Gedanke, dass das Leben ein Spiel ist, immer der anschaulichste. Es gibt Regeln, die du kennen, akzeptieren und teilweise dehnen kannst. Je besser du die anderen Spieler verstehst und ihre Züge vorhersagen kannst, desto leichter gelingt es dir, das Spiel zu spielen und es am Ende auch zu gewinnen. Die meisten setzen sich selbst jedoch schachmatt, weil sie nicht wissen, wie gespielt wird und gegen wen man antritt.

Was mir vor allem half, war der Fokus. Ich spielte nicht tausend verschiedene Games und wechselte immer wieder, weil ich verlor oder es nur ein Zeitvertreib war. Ich trat an, um der Beste zu sein. Erst das brachte mir den Spaß, nicht das Spiel als solches.

Wenn du zu viele Sachen gleichzeitig machst, wirst du in keiner Sache wirklich gut sein. Du solltest dir immer vor Augen halten, egal, ob es um deine Selbstständigkeit geht oder dein Hobby: Da draußen gibt es jemanden, der wie Bruce Lee trainiert, immer und immer wieder die gleichen Dinge tut, und genau deshalb schlägt er dich.

Justin Bieber war am Anfang seiner Karriere nicht Musiker, Designer und Kickboxer in einem. Er trainierte jahrelang nur seine Stimme, übte, als sich andere über seine Frisur lustig machten, übte, als andere seinen Look kritisierten, übte und fand Antworten in der Zeit, als andere ihn infrage stellten.

Kylie Jenner ist die jüngste Selfmade-Milliardärin des Internets, dabei berichteten die meisten Magazine und Zeitungen, dass die 23-Jährige kein Talent hätte und nur gut für Instagram-Bilder posieren könne. Aber glaubst du wirklich, dass jemand wie sie, die es als Einzelperson schafft, eine Kosmetikunternehmen mit 420 Millionen US-Dollar Umsatz in den ersten 18 Monaten aufzubauen,[07,] wirklich nicht weiß, was sie tut? Diese Frau steuert die Presse und die Meinung anderer wie keine Zweite, weil sie sich genau darauf fokussierte, und schaffte so, was L'Oréal mit 88.000 Mitarbeitern[08] in 90 Jahren nicht geschafft hat.

Es ist immer leichter, den Fehler bei anderen zu suchen, aber die meisten Menschen, die das machen, versuchen damit nur ihre eigenen Fehler zu kaschieren. Oder noch schlimmer: Sie kennen sie nicht. Sie unterdrücken die Auseinandersetzung mit sich selbst, indem sie versuchen, den Erfolg anderer durch Argumentation zu legitimieren und zu erklären. Am Ende zieht man dann für sich selbst das Resümee, dass es jemand nur geschafft hat, weil er reiche Eltern hatte, gut aussieht, einen bekannten Mann an der Seite hat, und wenn einem nichts Besseres einfällt, dann ist es das Glück gewesen.

Dabei haben alle erfolgreichen Menschen etwas gemeinsam: Sie wurden in genau einer Sache gut und hatten dann die Zeit, auch andere Dinge anzugehen. Es ist dieser unglaubliche Wille, etwas durchzuziehen, egal was passiert und was andere sagen.

Der größte Fehler, den besonders junge Menschen machen, ist, auf die Meinung anderer mehr achtzugeben, als auf das eigene Herz und die eigene Stimme zu hören. Das sind die Gründe, wes-

07 https://www.handelsblatt.com/arts_und_style/lifestyle/instagram-star-kylie-jenner-wird-bald-milliardaerin-und-kaempft-doch-um-ihr-image-als-geschaeftsfrau/23710654.html?ticket=ST-22177841-ji71Kv2FneKue2Keye4F-ap3
08 https://www.loreal-finance.com/en/annual-report-2019/

halb man so selten etwas durchzieht. Fehlender Antrieb ist oft nur ein vorgeschobener Grund, wenn die Angst groß ist, was andere dazu sagen werden, wenn man wieder scheitert.

ANDERE MEINUNGEN

Die Meinung anderer Menschen ist nicht per se etwas Schlechtes und in vielen Fällen auch wichtig, damit unser Ego uns keinen Streich spielt. Dennoch ist es wichtig zu verstehen, dass jeder seine eigenen Vorstellungen, Muster und Intentionen hat. Menschen nehmen nur das wahr, was sie sehen, und reagieren auf die Information, die du ihnen gibst. Hintergrundinformationen fehlen meist. Viele bilden sich ein Urteil, ohne deine Beweggründe zu kennen. Es empfiehlt sich, die Meinung anderer gezielt einzuholen, um sie richtig einordnen zu können.

Ich war nie ein Fan von extrinsischer Motivation, weil der innere Antrieb für mich der einzige ist, der allem standhält. Wenn du merkst, dass dir alles schwerfällt und du dich immer wieder pushen musst, um weiterzumachen, dann kann es eben auch daran liegen, dass du auf dem falschen Weg bist. Am Ende kommt es immer auf die eine entscheidende Frage an: Wie sehr willst du etwas wirklich? Extrinsische Motivation, wie sie einem in Seminaren, Coachings und in Videos nahegebracht wird, kann dich täuschen und dir für eine gewisse Zeit das Gefühl vermitteln, es sei richtig, was du machst. Du brennst dafür. Aber wenn dieses Feuer erlischt und du das nächste Seminarticket noch nicht gebucht hast, es bis zur nächsten Coaching-Stunde noch eine Weile dauert und du gerade kein Video mehr zur Hand hast, wird genau diese Emotion schnell umschwenken zu einer sehr negativen. Irgendwann wirst du vielleicht aufwachen und dich fragen: »Was mache ich hier eigentlich?« Motivation, die hingegen von innen heraus kommt, täuscht nicht. Sie ist es, die dich am Ende übermenschliche Kräfte entwickeln lässt, um deine Ziele zu erreichen. Nur ist sie oft versteckt.

Wir alle brennen für bestimmte Dinge. Es sind die Themen, über die wir sprechen, wenn wir Freitagabend mit Freunden in der Bar sitzen und keine Arbeit mehr vor uns liegt. Die Themen, die uns morgens aus dem Bett springen lassen, weil wir uns um sie kümmern wollen, und die uns abends beim Einschlafen hindern, weil sie unsere Gedanken bestimmen. Bei diesen Dingen vergisst man die Zeit. Das ist unsere Passion. Diese zu finden ist eine Möglichkeit, seinen eigenen Weg zu bestimmen, doch Vorsicht: Die Passion ist emotional.

Das ist von Vorteil, wenn sie glüht, weil wir uns schneller bewegen, wenn es uns emotional berührt, aber sie kann eben auch umschwenken, denn auch aus Liebe wird oftmals Hass. Emotionen sind temporär, so auch die Passion. Im Alter von 14 Jahren hast du sehr wahrscheinlich eine andere Passion als mit Anfang 30, deshalb kann es sein, dass du in deinem Leben einen Wandel vollziehen musst. Dann gilt es, den Weg zu ändern und eine neue Richtung einzuschlagen, sobald du merkst, dass eine Passion dich nicht mehr erfüllt. Lass sie ein Kompass sein, die dir den Weg zeigt, aber geh nicht davon aus, dass sie nie die Richtung ändert.

PASSION VS. TALENT

Die Schnittmenge aus der aktuellen Passion und deinen Talenten zu finden, ist die beste Möglichkeit, deine wahre Bestimmung zu finden. Oftmals weichen diese beiden voneinander ab. Ich empfehle dir, Zeit zu investieren und dir eine Liste anzufertigen mit Fragen, die ich dir in meinem Buch genannt habe. Dadurch wirst du Antworten finden.

Die andere Möglichkeit, seinen eigenen Weg zu finden, ist, seine Talente ausfindig zu machen und darauf zu setzen: Es gibt eben bestimmte Dinge, die dir leichtfallen, und andere, bei denen du es schwerer hast als andere. Ein guter Indikator ist es, Menschen in deinem Umfeld, die dir nicht zu nahestehen, zu fragen, worin du ihrer Meinung nach besonders gut bist. Sie sollten dir deshalb nicht zu nahestehen, weil du sicher alle Geschichten der Kandidaten von DSDS kennst, die sich vor Bohlen & Co blamieren, weil die besten Freunde und Eltern ihnen immer wieder bestätigt haben, dass sie eine wunderbare Stimme hätten, obwohl sie tatsächlich einfach nur grausam singen. Unsere engsten Freunde und Verwandten neigen häufig dazu, uns nicht objektiv genug zu sehen, sodass sie uns das sagen, was wir gerne hören wollen, was aber nicht unbedingt der Wahrheit entsprechen muss.

Deine wahren Talente zu erkennen, ermöglicht dir einen schnelleren Erfolg, da du in der gleichen Zeit mehr erlernen und schaffen kannst als jemand, der seine Talente nicht kennt. Nur sind das oftmals nicht die Dinge, die dich langfristig erfüllen. Es ist möglich, dass jemand, der unglaublich gut rechnen und die kompliziertesten Aufgaben innerhalb kürzester Zeit lösen kann, trotzdem lieber

Klavier spielt und dabei erst wahre Freude empfindet. Oder dass jemand mit einem wunderbaren Schreibstil ein begnadeter Schriftsteller ist, aber trotzdem immer froh ist, wenn er ein Buch zu Ende geschrieben hat, damit er sich dem Herstellen von Süßspeisen widmen kann. Ein Kompromiss ist langfristig nicht erfüllend. Wenn du nach Größerem strebst, dann musst du es schaffen, beides miteinander zu verbinden, aber die meisten haben sich noch nie folgende Fragen gestellt:

WOFÜR **BRENNE** ICH, WENN ICH NUR AUF MICH UND MEINE INNERE STIMME **HÖRE?**

WAS IST ES, WAS MICH **ERFÜLLT?** GIBT ES JEMANDEN IN EINEM UMFELD, DER ES **SEHEN** WÜRDE?

WAS SAGEN **MENSCHEN** ÜBER MICH, WORIN ICH BESONDERS GUT BIN, WENN ICH **NICHT** IM RAUM BIN?

WAS FIEL MIR BISHER **IMMER LEICHT,** WORAN ANDERE VERZWEIFELN?

Mir fiel es anfangs schwer, mich mit mir selbst zu beschäftigen. Ich kam mir komisch dabei vor. Wenn ich jetzt anfange, nach Antworten auf genau solche Fragen zu suchen, und sie auf ein Blatt schreibe, macht genau das am Ende den Unterschied: Wir kennen uns meist nur emotional und rationalisieren zu wenig. Wir wissen, was uns traurig macht, und lassen auch bei einem Drama im Kino die Tränen zu. Wir wissen, dass wir kein Blut sehen können und uns dann schlecht wird, wissen, dass wir die Nähe zu einer bestimmten Person schätzen, aber wir kommen selten auf die Idee, »rauszuzoomen« und zu hinterfragen, wieso das so ist. Andere Menschen besser »lesen« zu können, zählt zu den wichtigsten Fähigkeiten und wird dir eine Menge Enttäuschung ersparen und gleichzeitig eine Menge Türen öffnen. Doch dafür musst du bei dir selbst beginnen. Das Wissen darüber, wer du bist und was dich ausmacht, wird dir helfen, deine Emotionen zu kontrollieren. Du wirst gelassener werden, weil du Zusammenhänge erkennst und verstehst.

Sonst lernst du dich nur über das kennen, was andere Menschen über dich sagen, und das wird oft durch deren eigene Emotionen verfälscht. Ein wütender Ex-Freund, der dir die Schuld für die Trennung gibt, weil du ihm nicht genug Liebe geschenkt hast, lässt dich vielleicht denken, dass du kalt bist. Ein Kumpel nennt dich »unzuverlässig«, weil du zum Fußballschauen immer zu spät kommst oder kurzfristig absagst. Dabei ist es dir vielleicht einfach nicht wichtig genug, und du sagst sowieso nur noch zu, um ihn nicht zu verletzen.

Du kannst von jedem lernen, aber du musst immer zuerst verstehen, mit welcher Intention und aus welcher Gefühlslage heraus jemand etwas über dich sagt. Nur du kannst filtern, was davon stimmt und welche Aussagen getroffen wurden, weil dem Betreffenden Informationen fehlten. Natürlich geht das nicht von heute auf morgen, aber ich führe für mich ein kleines Journal, in das ich jeden Abend vor dem Schlafengehen drei Dinge schreibe:

WAS LIEF HEUTE
BESONDERS GUT?
WAS LIEF NICHT SO GUT
ODER STÖRTE MICH?
WIE FÜHLTE ICH **MICH**
IN BEIDEN SITUATIONEN?

Menschen um uns herum versuchen oft, uns am Wachsen zu hindern. Wenn man zusammen groß wurde und die gleichen Interessen teilte, ist es schwer einzusehen, dass sich der andere verändert, wenn man selbst noch daran festhält. Der logische Reflex darauf ist: festhalten und zurückziehen. Der Grund, wieso Familie, Freunde und Bekannte so oft versuchen, dir etwas auszureden, ist die eigene Trägheit. Es ist viel leichter für jemanden, der nicht nach vorne will, dich auf einer Stufe zu verankern, als selbst die Beine in die Hand zu nehmen. Es ist ein Schutzmechanismus, der die Gruppe zusammenhält und dich davor bewahren soll, allein neue Wege zu erkunden. So hart sich das jetzt hier auch liest, du wirst dich losreißen müssen.

Den Weg eines Pro Gamers zu gehen, kostete mich meine komplette Teenagerphase. Ich hatte nicht mit 14 erste Erfahrungen mit Mädchen oder lotete Grenzen aus. Ich trank bis zu meinem 18. Lebensjahr keinen Tropfen Alkohol und übergab mich in der Nacht nach meinem ersten Glas Champagner. Ich hatte keine Clique, mit der man sich verabredete, und nicht viele Freunde, mit denen ich mich austauschen konnte, wenn es mir einmal nicht so gut ging. Später löste ich mich von meinen Eltern und verlor meine Kommilitonen an der Uni, wie du noch lesen wirst.

Du kennst vielleicht das Zitat von Jim Rohn, dass du immer der Durchschnitt der fünf Menschen bist, mit denen du am meisten Zeit verbringst. Ich habe es für mich ein bisschen abgewandelt und sage lieber »der fünf Ideen«, mit denen du dich umgibst: Wenn deine engsten Ideen alle um Partys, Drogen und Alkohol kreisen, dann werden diese Ideen davon auch in deinem Kopf sein, und du wirst zu einem Partygänger. Wenn die fünf Ideen Verschwörungstheorien über Terroranschläge, Adrenochrom und die Weltelite sind, dann wirst du auch zu einem Aluhutträger. Es ist relativ simpel: Umgib dich mit Menschen, die so denken wie du, die mit ihren Ideen dort schon angekommen sind, wo du noch hinmöchtest. Problematisch ist nur, dass diese Menschen das Prinzip auch kennen und dich in ihrem engeren Kreis oftmals nicht wollen. Warum? Da du sie am Anfang, hart ausgedrückt, nach unten ziehst. Das ist der Grund, wieso ich Ivan damals Geld bezahlte, damit er mich coacht, und nicht davon ausging, dass ein so guter Spieler seine Zeit kostenlos für mich opfert. Einen Mentor zu haben, kann der Shortcut zu dem sein, was du erreichen möchtest. Ich möchte dich dafür sensibilisieren, dass der nicht immer physischer Natur sein muss. Auch ein gut geführter Social-Media-Kanal oder eine Autobiografie kann ein Mentor sein. Die Lektüre ermöglicht dir, an Menschen wie Warren Buffett, Elon Musk oder Jeff Bezos heranzukommen, ohne in ihrer Nähe sein zu müssen. Wichtig ist, für sich selbst zu wissen, wer dich inspiriert, von wem du lernen kannst und von wem besser nicht. Nur wer die Ideen verkörpert, die dir helfen, deine eigenen umzusetzen, sollte zu den engsten fünf gehören.

OUTSIDE THE BOX zu sein bedeutet auch, anders zu sein als die meisten, denn wenn du bist wie die meisten, wirst du keine Aufmerksamkeit bekommen.

Viele übertreiben bei diesem Part allerdings, werden zu ikonisch für etwas. Du kennst sicherlich Personen, die permanent negativ auffallen, die sich immer in den Mittelpunkt drängen, schrille Klamotten tragen und aufgesetzt sprechen. Niemand möchte mit ihnen wirklich kommunizieren, sie sind anders, um anders zu sein. Wenn du auf eine Party kommst und allen erzählst, dass du vegan bist, dann werden die meisten interessiert sein, wie so eine Ernährung funktioniert, was die Vorteile sind, und möglicherweise findest du auch Gleichgesinnte, mit denen man sich auf Augenhöhe austauschen kann. Wenn du aber sagst, dass du dazu auch noch glutenfrei lebst, der buddhistischen Religion angehörst, du morgens meditierst und abends Yoga machst, weil du diese zwei Stunden Ausgleich am Tag brauchst, du gerne nackt baden gehst und im Wald Pilze sammelst, dann werden dich die meisten einfach komisch finden. »Cringe« würde man im Englischen sagen, und das ist tendenziell wieder abstoßend.

Es gilt, die eigenen Attribute, die dich von anderen unterscheiden, auszubauen und auf diese Stärken zu setzen, aber es in der Rolle nicht zu übertreiben. Authentisch dabei zu sein, ist das A und O.

Wenn du auffällst, ohne augenscheinlich aufzufallen, dann hinterlässt du wahren Eindruck. Dieser Eindruck brennt sich ein, und er kann hervorgerufen werden durch deine Art und Weise, wie du sprichst, was du trägst und machst, durch deine Gestik und Mimik oder die Werte, die du nach außen verkörperst, und deine Haltung. *Die erste Form des Personal Branding sind die Aussagen, die Menschen hinter deinem Rücken über dich tätigen, wenn du nicht im Raum bist, sagt Jeff Bezos sinngemäß.*

Ich stand nun an dem Punkt, diesen Eindruck ändern zu müssen, denn an der Uni war ich bis zu diesem besagten Tag nur der »Nerd« oder bestenfalls der »Gamer«, wenn man mich überhaupt kannte. Und diesen Ruf wollte ich loswerden.

Studentenzeit. Prädikat: Orientierungslos

Ich schreckte hoch, griff hastig nach meinem Handy und konnte die Augen noch gar nicht richtig öffnen. Verschwommen nahm ich nur die große Display-Anzeige wahr: 13:45 Uhr. Verdammt! Ich sprang aus dem Bett, ging zum Rechner und bewegte die Maus. Der Bildschirmschoner ging aus, und in dem Moment, als ich auf meinen Desktop schaute, realisierte ich es erst: Da war ja gar kein Spiel mehr. Ich konnte mich nicht mehr einloggen und auch Teamspeak war deinstalliert. Es war Standard für uns World of Warcraft-Spieler, den Rechner nicht herunterzufahren und im Teamspeak eingeloggt zu bleiben, sodass man direkt miteinander sprechen konnte, sobald man das Headset aufgesetzt hatte und in den aktiven Channel wechselte. Die, die schlafen, sind im Channel »zZz«.

Es war wie ein dauerhafter Bereitschaftsdienst. Wer genug Energie hatte, meldete sich zurück. »Bereit neue Schlachten zu schlagen« – so fühlte ich mich jedenfalls nicht. Ich sank in den Schreibtischstuhl und hatte Kopfschmerzen. Als wäre ich auf einer Party gewesen und hätte bis 7:00 Uhr gesoffen und wäre jetzt mit einem bösen Kater aufgewacht.

Ich öffnete den Browser mit einem schwerfälligen Klick, und als ich zur Tastatur griff, wusste ich nicht, was ich überhaupt tippen wollte. Was zum Teufel sucht man im Internet, wenn man keine Computerspiele spielt, keine Foren lesen will, um zu erfahren, wer welche Bosse getötet hatte, und auch keine News-Seiten über die Clans aufruft, um zu erfahren, wer nächste Saison bei wem spielt? Ich wusste es nicht. Also stand ich auf.

Als ich mich fertig gemacht hatte, wurde es draußen bereits dunkel. Es war Anfang Dezember und ab 17:00 Uhr konnte man von unten in mein Appartement schauen und mich normalerweise jeden Abend am Rechner sitzen sehen, weil ich immer noch keine Vorhänge hatte. Die Frage war nur, was ich am Computer machen konnte für mein neues Ziel. Und was war mein Ziel eigentlich genau? Ich wusste, dass ich mehr wollte, als vor einem viereckigen Monitor zu sitzen und virtuelle Bosse zu töten. Ich wollte nicht für meine online erspielte Leistung Anerkennung bekommen, sondern für mich, für Torben.

Ich war mit der Zeit eifersüchtig auf Xoui geworden. Ich steckte meine ganze Zeit in eine virtuelle Figur, damit sie die besten Gegenstände hatte und immer stärker wurde. Xoui war auf Rang 1 in der Liste, nicht Torben. Xoui war in den News, nicht Torben. Xoui war ein Held, Torben der Verlierer. Und das machte mich wahnsinnig. Jemand konnte meinen Account kaufen für vielleicht 5.000 Euro und als Xoui davon profitieren. Er würde dann alles ernten, was ich mir aufgebaut hatte, und die Leute würden so schnell gar nicht merken, dass nicht mehr ich als Person dahintersteckte. Ich war austauschbar, Xoui war der Wichtige.

Aber wie konnte ich das, was ich online geschafft hatte, denn jetzt auf das echte Leben übertragen? Wie startete ich hier, um in der Rangliste nach oben zu steigen? Und was brauchte ich dafür? Anerkennung und Geld? Ich musste herausfinden, wie man dieses »echte« Leben spielt und gewinnt.

Ich brauchte frische Luft, mein Kopf brummte, und ich zog mir die Jacke an und verließ das Haus. Oldenburg, die Stadt, in der ich studierte, war nicht besonders groß und hatte etwa 168.000 Einwohner. Es gab hier vor allem zwei Arten von Menschen: Studenten, die unterwegs waren, weil sie die Uni schwänzten, und Rentner, die unterwegs waren, weil sie sowieso immer frei hatten. Ich ging an beiden Gruppen vorbei und genoss die kalte klare Luft. Ich mochte den Winter. Man konnte dicke, weite Klamotten tragen, die ein bisschen besser kaschierten, dass ich einige Pfunde zu viel an Gewicht hatte. Es gab Spekulatius. Würde ich jetzt noch in Delmenhorst wohnen, hätten wir den Kamin angemacht. Ich fand das urig – so sagen wir das im Norden. Es machte viel mehr Spaß, im Winter am Rechner zu sitzen, ohne Sonne, die einen von draußen auf den Monitor schien und einen blendete. Außerdem schwitzte man im Stuhl nicht so stark.

In meiner Studentenbude gab es keinen Kamin, dafür eine Fußbodenheizung, was auch ziemlich nett war. Zur Uni waren es fünf Minuten zu Fuß, in die Stadt brauchte man vielleicht 20 bis 25 Minuten. Ich lief zum Unigelände. Hier draußen war es recht leer, doch einige hatten drinnen noch Vorlesung von 20:00 bis 22:00 Uhr. »Das müssen krasse Streber sein«, dachte ich mir. Wer legte sich denn freiwillig zur Primetime zwei Unistunden. Das war genau die Zeit, in der ich immer richtig wach und aktiv wurde. Ich machte mir nicht selten noch kurz vor Mitternacht einen Espresso, setzte mich wieder an den PC und spielte bis zum Morgengrauen. Das war bisher meine Form von Primetime gewesen. Die Frage war, wie meine neue Primetime aussehen würde.

Neben der Uni war direkt die Turnhalle. Hier gab es jeden Abend Kurse, die ein Dozent, externer Sportlehrer oder sogar Student leitete. Jetzt gerade liefen alle im Kreis und in der Mitte stand ein älterer Typ mit einer Pfeife im Mund. Die Halle nannte sich Tempodrom, und wenn mir an dem Abend jemand gesagt hätte, dass ich da demnächst dreimal die Woche mitlaufen würde, hätte ich ihn wahrscheinlich für verrückt erklärt. Ich setzte mich auf eine Bank auf dem Platz davor, sodass ich das Szenario drinnen besser beobachten konnte.

Der Kurs schien allmählich zu Ende zu gehen, denn alle saßen nun auf ihrem Handtuch am Boden und dehnten sich. Ich versuchte herauszufinden, ob ich mit irgendwem von denen schon mal einen Kurs gehabt hatte, erkannte aber niemanden.

Nun wurde das Licht in der Halle heller und die Musik lauter. Sie spielten auch kein Techno mehr, zu dem man lief, sondern Hip Hop, was mir gut gefiel. Einige der Mädels blieben auf der Bank sitzen, tropften ihren Schweiß ab und tranken etwas, während der letzte Kurs des Abends beginnen sollte: Basketball. Fast ausschließlich Kerle, teilweise sehr muskulös, kamen in viel zu langen Shorts und Unterhemden auf Spielfeld. Sie checkten miteinander ein und fingen an Körbe zu werfen. Ich hatte nur mal früher auf dem Freiplatz ein bisschen gespielt, aber in der Schule hatte es kein Basketball bei uns gegeben, weil meine Lehrerin es nicht gemocht hatte. Was hatte die eigentlich gemocht?

Ich saß da und starrte, schaute zu, wie sie fünf gegen fünf spielten, als plötzlich einer von der Bank aus sich umdrehte und mir in die Augen schaute. Es war Dominik. Er studierte Journalismus, und ich kannte ihn aus dem ersten Semester Sozialwissenschaften. Ich musste mich erst für Philosophie und Sozialwissenschaften einschreiben, weil mein NC zu schlecht war, bevor ich mich später für ein höheres Fachsemester in Germanistik und Kunst auf Lehramt einschreiben konnte, was überhaupt der größte legale Hack war. Du nimmst dann zwar in Kauf, dass du »Langzeitstudent« wirst, weil du dich auf dem Papier für das dritte Semester einschreibst, obwohl du die ersten beiden nicht belegt hast, und musst den Stoff dann erst einmal nachholen, aber du kannst jegliche Einschränkungen aufgrund deines schlechten Abiturs vermeiden. Zum Glück hatte ich mich in der Schule nicht angestrengt, sonst hätte es mich echt geärgert.

Dominik winkte mir zu, und ich grüßte zurück, griff zu meinem Handy und klickte auf dem Display herum, als würde ich etwas schreiben, stand dabei auf und ging. Zu Hause setzte ich mich sofort an den Rechner und recherchierte zum Thema Basketball. Wie funktioniert das Spiel eigentlich? Was sind die Regeln genau? Ich landete auf NBA Streams und schaute mir Spiele von der aktuellen Saison an. Sie war erst vor Kurzem gestartet. Ein Spieler gefiel mir sofort, es war Dwyane Wade. Er hatte die Nummer drei auf seinem Jersey, die war schon immer meine Lieblingszahl gewesen. Keine Ahnung warum, ehrlich gesagt, aber früher brauchte man so eine

Zahl eben, und ich entschied mich dann spontan für die Drei. Wade war unglaublich athletisch, sprang zum Korb, machte zwei Punkte und rollte sich auf dem Boden ab. Krass. Ich bestellte mir erst nur seine Schuhe, dann sein Jersey, und bevor ich zu Bett ging, hatte ich alle seine Klamotten gekauft, sogar die langen Strumpfhosen, die er unter der Hose trug. Und natürlich besorgte ich mir auch den NBA-Ball, ein Schnapper für 200 Euro.

Am nächsten Tag ging ich zur Vorlesung, danach extra zur Mensa, obwohl ich dort eigentlich nie aß, weil ich vermutete, dass ich dort Dominik treffen könnte. Ich holte mir kein Essen, sondern zog mir einen Kaffee am Automaten und wartete dort, bis er die Treppen hochkam, um ihn anzusprechen. Mein Plan ging auf.

»Spielst du schon länger Basketball?«, fragte ich ihn, und er antwortete: »Ja nee, erst seit Anfang des Semesters. Zockst du auch?«

Ich schüttelte den Kopf. »Nee, nur früher mal als Kind, hab ewig nicht gespielt.«

Dominik merkte, dass ich etwas auf der Seele hatte, und bohrte weiter nach. Das ist typisch für Journalismus-Studenten, die denken, sie könnten einem die Wahrheit entlocken.

»Willst du denn mal mitkommen? Wir spielen jeden Dienstag und Donnerstag. Können auch vorher Körbe werfen draußen, wo du neulich saßest.«

Ich überlegte kurz, und in meinem Kopf entstanden gerade ganz viele Gründe, wieso das keine gute Idee sein könnte, aber bevor sie auch nur zu Ende gedacht waren, sagte ich: »Ja, wieso nicht?«

Ich erschien in voller Montur, als hätte man Wade persönlich aus den USA eingeflogen, außer dass ich weiß war und weniger Muskeln hatte, dafür mehr Speck. Zudem war ich kleiner und wusste auch absolut nicht, was ich hier eigentlich machte.

»BALL!«, hörte ich noch, und er prallte schon an meiner Schulter ab. Ich hatte ein Déjà-vu. Es war wie beim Volleyball damals, als ich gedacht hatte, dass mein Frontzahn locker sei. Ich war nun wach. Wir waren drei Mannschaften an dem Abend, immer zu je fünf Spielern. Dominik und ich waren in einem Team, und ich beschloss, erst einmal passiv zu bleiben: »Du wirfst nicht, du passt. Du wirfst nicht, du passt …«, sagte ich mir innerlich, und ich warf die ersten drei Mal direkt auf den Korb. »Short«, »Airball«, »KURZ!«.

Nach zehn Minuten hin- und herlaufen war ich völlig fertig und schaute zur Bank, auf der ein Ersatzspieler saß. Man wechselte immer durch, wenn man nicht mehr konnte. Wir checkten ein, der griechische Ersatzmann lief aufs Spielfeld. Er hatte ein Boston-Trikot an und war extrem klein für jemanden, der Basketball spielt, vielleicht 1,70 Meter, aber er konnte richtig schnell dribbeln, von links nach rechts und durch die Beine durch. Ich war beeindruckt, während der Schweiß nur so an mir heruntertropfte und ich meine Schuhe auf die Flecken am Boden stellte, um die Überschwemmung zu verbergen. Immerhin trug ich neue Converse-Sneaker von Wade.

Ich schnaufte, und Dominik kam in der Pause zu mir und fragte mich, ob ich wieder reinwolle, er würde mal einen Moment aussetzen, etwas trinken.

»Ja, klar«, antwortete ich und merkte schon beim leichten Sprint in die Mitte, dass ich besser »Nein« gesagt hätte. Es ging wieder los. Ich bekam kaum noch den Ball zugeworfen, weil alle merkten, dass ich gar nicht spielen konnte und trotzdem nie passte. Felix hieß ein Spieler im gegnerischen Team, der mich richtig aggressiv mit halb geöffneten Augen anschaute, als wollte er mir sagen, er würde mich am liebsten umbringen in der Offensive. Er kaute Kaugummi beim Spielen.

»Behind the back, for three. HE GOT IT«, kommentierte einer aus seinem Team die Moves. »Back and Shake« und was er noch so alles für Fachbegriffe und Termini in die Luft brüllte, während Felix uns komplett rasierte. Es regte mich auf, dass die anderen ihn kaum noch blocken wollten und er hier seine Show machte. Ich schaute zu Dominik herüber, und der verdrehte auch nur die Augen. Da packte mich mein Ehrgeiz. Als er wieder in unsere Zone kam, blieb ich mit letzter Kraft an ihm dran, wollte ihn jetzt unbedingt einmal blocken.

Felix schmunzelte. Er war Streetballer und konnte deshalb allerhand Tricks, die man auf der Straße benutzt und die nicht alle so wirklich den Regeln entsprachen. Zumindest nicht in den Foren, in denen ich mich eingelesen hatte. Er nahm Anlauf und stürmte auf mich zu, und mir war nicht ganz klar, ob er jetzt rechts oder links an mir vorbeigehen wollte, aber meine Augen waren am Ball (auch das hatte ich in einem Tutorial-Video gesehen), und ich sah in Zeitlupe, wie er nur noch zwei Schritte vor mir war, und stellte mich schon auf die Kollision ein, da sprang er auf einmal ab, der Ball war auf Brusthöhe, dann Augenhöhe, und dann musste ich meinen Kopf nach oben richten. Er schmetterte mir sein Knie in den Bauch und den Ball in den Korb. »BOOM!«, hörte ich den anderen Trottel noch schreien, während ich zu Boden ging und Felix mir einen abfälligen Blick zuwarf. Er dunkte einfach über mich, dabei war er sogar ein paar Zentimeter kleiner. Mir war schwarz vor Augen. Einer aus meiner Mannschaft streckte mir die Hand entgegen. Ich winkte ab, und das Spiel wurde abgepfiffen.

Ich ballte am Boden liegend meine Faust, schwor mir selbst, dass ich im kommenden Jahr dunken würde. Höher als Felix und am besten direkt in sein Gesicht, sodass er sich an seinem scheiß Kaugummi verschluckte.

Auf dem Weg nach Hause fror ich, weil ich keine trockenen Klamotten mitgenommen hatte, und zu Hause sprang ich sofort unter die Dusche. An meinem Bauch hatte ich einen großen roten Fleck, und ich wusste schon jetzt, dass er blau werden würde. Ich setzte mich im Bademantel vor den Rechner und suchte nach Antworten, wie man möglichst schnell dunken lernt. Jumpsoles aus den USA sollten wohl die Lösung sein. Die schnürt man sich um die Schuhe und spielt dann Basketball damit. Sie haben ein zusätzliches Gewicht und sorgen dafür, dass die Sprunggelenke trainiert werden. Man muss nur vorsichtig damit sein und sollte sie nicht öfter als ein- bis zweimal pro Woche benutzen, da es sonst zu Muskeldehnungen, Zerrungen oder sogar Rissen kommen kann. Ich trainierte jeden Tag damit. Anfangs auf dem Freiplatz: einfach ein bisschen bewegen, springen, Körbe werfen. Später ging ich damit Bahnen laufen, und meine Knöchel schmerzten höllisch. Ich tapte sie beim Spielen für etwas mehr Halt. So sah man auch die Rötung nicht. Zusätzlich meldete ich mich im Gym an der Uni an und fing an, zu trainieren. Dominik war auch öfters mit dabei, und wir wurden beste Freunde an der Uni, schauten nachts NBA zusammen und analysierten. Ich konnte Dominik richtig begeistern, und aus dem ursprünglich kleinen Hobby wurde unsere tägliche Routine. Wir waren richtig besessen davon, besser Basketball zu spielen. Von den Jumpsoles erzählte ich ihm nichts. Wenn wir fertig gespielt hatten, blieb ich immer noch für ein paar Bahnen, weil ich abnehmen wollte: »Ein bisschen Cardio noch.«

Ich stellte meine Ernährung um und verlor schnell viele Kalorien. Man sah es mir im Gesicht an, meine Wangen fielen ein bisschen ein, trotzdem ging es mir nicht schnell genug. Ich war ständig in irgendwelchen Foren und schaute, ob es noch kleinere Ernährungshacks gab, beispielsweise irgendwelche Früchte, die abführend wirkten und die entschlackten. Ich kaute auf Trockenfrüchten herum und trank Apfelessig. Ich hasste Apfelessig.

Statt »Warcraft III«, »World of Warcraft«, »Clans« und »Klassenguides« fanden sich nun die Begriffe »Basketball«, »Abnehmen« und »Trainingsplan« in meinem Google-Verlauf. Die Jumpsoles zeigten Wirkung: Ich kam nach drei Monaten schon so hoch, dass ich mich an den Ring des Korbes hängen konnte. »Was könnte der Shortcut für mein überschüssiges Fett sein?«, fragte ich mich, »die Ernährung und das Training allein kann doch nicht alles sein. Kam man sich denn hier nicht irgendetwas umschnallen, damit es schneller geht?«

»Ephedrin« fand ich als vorgeschlagene Lösung in einem Forum, bei dem man sich anmelden und verifizieren musste. Mit einer Koffein- und einer Aspirin-Tablette zusammen ergeben sie einen ECA-Stack, der von vielen in der Wettkampfdiät benutzt wird, um die letzten Prozent Körperfett noch zu verlieren und richtig gestählt auszusehen. Davon war ich zwar weit entfernt, aber ich bestellte sie dennoch. Sie kamen in ein Taschentuch eingewickelt in einem Briefumschlag. Das war merkwürdig, aber ich wollte nicht groß darüber nachdenken, füllte sie in eine leere Tic-Tac-Schachtel, und schon sah es nicht mehr so illegal aus. Ich wollte sie sofort ausprobieren und machte mir einen Espresso und schluckte damit die Koffein- und Aspirin-Tablette runter. Wenn schon, denn schon! Nun das erste Ephedrin. Sie war extrem bitter im Mund.

Ich fuhr mit dem Rad zur Sportanlage und fing an, Bahnen zu laufen. Nach ungefähr 30 Minuten bekam ich einen richtigen Adrenalinkick. Ich rannte immer schneller, versuchte meinen Bahnrekord jede Runde zu schlagen und schaute dabei immer auf die Uhr. Ich fühlte mich richtig gut, atmete tief über die Nase ein und pustete die kalte Luft sichtbar aus dem Mund wieder aus. Mein Puls war enorm hoch. Je schneller ich rannte, desto mehr Adrenalin kam in mir hoch. Ich fing an, Ausfallschritte zu machen, alle paar Sekunden zu springen, ich wollte nicht mehr aufhören. Nach zehn Kilometern ging ich zu meinem Rucksack und schnürte die Jumpsoles um meine Schuhe und machte weiter. Die erste Runde war schleppend, dann kam ich wieder in den Flow. Ich lief so bewusst wie noch nie, war absolut fokussiert und fragte mich, wie ich das bisher ohne Ephedrin machen konnte, wenn Sport dadurch auf einmal so viel Spaß machte. Auch stellte ich mir vor, wie ich beim Basketball damit abgehen müsste. Nach zwölf Kilometern beendete ich den Lauf und fuhr nach Hause. Den ganzen Abend über ging ich auf und ab in meinem Appartement, erledigte sogar noch eine kleine Hausarbeit für die Uni und ging irgendwann ins Bett. Erst jetzt merkte ich, dass ich gar nichts mehr gegessen hatte, und erinnerte mich daran, dass Appetitlosigkeit auch eine der (positiven) Nebenwirkungen von Ephedrin war. Das Zeug war einfach perfekt.

Als ich am nächsten Morgen aufwachte, war ich mir nicht sicher, was mehr schmerzte, meine Beine oder mein Kopf. Ich fühlte mich, als hätte ich Gliederschmerzen. Es war der Muskelkater vom Vortag. Ich griff zu meinem ECA-Stack und spülte ihn direkt wieder mit einem Kaffee herunter. Die Schmerzen ließen langsam nach, und nach 30 Minuten fühlte ich mich wieder gut.

Ich nahm den ECA-Stack jeden Morgen auf nüchternen Magen, nachdem ich gemerkt hatte, dass die Wirkung dann noch krasser war und man den ganzen Tag über kaum Hunger hatte. Das Weiße in den Augen, die Sklera, war hell weiß, wenn man den Stack nahm, und ich konnte viel besser denken und reden. Mein Selbstbewusstsein wuchs in den Vorlesungen. Ich hob die Hand vor 500 anderen Kommilitonen, diskutierte mit dem Dozenten und stellte kritische Fragen. So kannte ich mich selbst nicht, aber es gefiel mir.

Als ich Dominik sah, fragte ich ihn, ob er später auch in der Halle sei. Ich freute mich schon die ganze Woche auf Basketball, war richtig gierig darauf.

Ich fing in kürzester Zeit an zu schwitzen, nach fünf Minuten war ich schon komplett durchnässt, aber ich war schnell, sehr schnell. Jeden Angriff rannte ich mit zum Korb, in jeder Defensive sprintete ich zurück. So ein peinlicher deutscher Basketball-Kommentator im Fernsehen hätte gesagt: »Der Mann arbeitet. Er arbeitet hart auf dem Platz.«

Die anderen waren verwundert, wie sehr man beim »Spielen for fun« abgehen konnte, und bei einigen sah man die Gedankenblase »Try hard« förmlich über den Köpfen schweben.

Wenn ich jetzt noch an meiner Technik arbeiten würde, dann könnte ich hier alles dominieren, dachte ich mir. Die Ausdauer, die ich mir von der Pille geliehen hatte, passte schon mal. Zu Hause angekommen, zog ich meine Klamotten aus, und sie waren ein einziger nasser Klumpen in meinen Händen. Meine Wangen waren feuerrot, und das Adrenalin brodelte in mir. Neben meinem Bett fing ich an, nackt noch einige Liegestützen zu machen, und beschloss, dass jetzt immer zu machen, so gut fühlte es sich an. Danach musterte ich mich im Spiegel. Ich hatte das Gefühl, dass schon ein bisschen Fett an Bauch und Hüfte geschmolzen war, und kniff mir fest ins Hüftgold, sodass es einen roten Abdruck gab. Dann ging ich duschen, machte mich fertig und setzte mich an den Rechner, als plötzlich mein Handy vibrierte und eine SMS von Dome (Dominik) hereinkam: »Kommst du später mit zur Uni-Party?«

Ich überlegte gar nicht lange und antwortete sofort: »Ja, safe«, als wäre das schon lange abgesprochen gewesen, dabei erfuhr ich gerade zum ersten Mal davon. Das sollte meine erste Uni-Party überhaupt werden. Ich war bereit! Schnell ging ich ins Bad und föhnte meine Haare, sonst konnte ich sie nicht stylen, weil sie dann so lockig waren. Ich schmierte mir eine Creme ins Gesicht, die einem eine gesunde Farbe geben sollte, und stand vor dem Kleiderschrank. Ich schnappte mir eine Jeans und ein weißes Shirt und war bereit. »Let's go«, textete ich Dome und wollte gerade schon zur Tür raus, als ich zur Tic-Tac-Schachtel schaute. Vielleicht machte es Sinn, noch ein Ephedrin zu nehmen, weil die Wirkung bald nachlassen würde, dachte ich mir.

»Brauch noch so 20 Minuten«, schrieb er in dem Moment zurück, was mir die Entscheidung abnahm. Ich machte mir um 23:00 Uhr einen Espresso, schmiss eine Pille ein und zog mit erhobener Brust los.

Wir gingen nicht zur Aula, wir liefen dort ein. Ich hatte das Gefühl, alle schauten uns an. Wir kauten Kaugummi, nickten vor uns hin zu der dumpfen Musik, die man von drinnen vernahm. Dome grüßte jemanden, ich hob zwei Finger, obwohl ich die Person gar nicht kannte – ein Klassiker. An der Bar bestellte Dome zwei Bacardi Pepsi. Das sollte in den nächsten Jahren noch unser Haupt-Party-drink werden. Zu dem Zeitpunkt hatte ich es noch nie getrunken. Um genau zu sein: Ich hatte noch nie Bacardi getrunken und auch erst ein einziges Mal überhaupt Alkohol in meinem Leben, näm-lich an meinem 18. Geburtstag ein Glas Champagner. Meine Eltern waren der Meinung gewesen, es gehöre einfach dazu, gebührend anzustoßen, und ich erinnere mich noch gut, wie ich nachts auf-gewacht war und meine eigene Tapete neben dem Bett angekotzt hatte. Themenwechsel, das würde natürlich dieses Mal (nicht) an-ders laufen.

Ich trank kein halbes Glas und war bereits angetrunken und fing an, mit den Fingern auf Mädels zu zeigen, die viel zu nah bei uns standen, als dass sie es hätten übersehen können. Ich sprach zu Dome in einer offensichtlich zu hohen Tonlage, sodass sie jedes Wort verstanden. Als das Glas leer war, war es mir egal.

»Der zweite Drink geht auf mich«, sagte ich laut und sprintete los zur Bar, merkte allerdings, dass ich besser langsamer und dafür gerade gehen sollte.

Dome lachte, er hatte seine Freude an meinem Zustand. Als ich auf unsere Getränke wartete, hatte ich das Gefühl, das Ephedrin viel stärker als sonst zu spüren. In mir pochte es, und ich wollte mich bewegen. Wir tanzten unseren zweiten Drink weg wie nichts, ein dritter und vierter kam, als hätte sie niemand bewusst bestellt.

»UND DIESER TYP HIER VERGLEICHT SICH MIT Jay-Z, UND SCHEISS AUF DIE PLAYSI, DENN ICH HÄNG AB MIT Rockstars, GENAUSO WIE AC/D... EASY, EA EA, UH UH«

Ich performte so vor mich hin und verlor dabei Dome irgendwann. Er hatte garantiert irgendwen getroffen oder war draußen ein bisschen Luft schnappen, dachte ich mir, als ich SIE plötzlich sah: Sie war relativ klein, vielleicht so 1,60 Meter, hatte lange blonde Haare, die schon etwas feucht waren, wahrscheinlich verschwitzt vom Tanzen, und auf den ersten angetrunkenen Blick erkennbar, relativ große Brüste. Wäre Dome noch da gewesen, hätte ich ihr eine Wertung von 9,5 gegeben. Als ich sie also so anstarrte, blickte sie mir plötzlich in die Augen. Ich drehte mich sofort weg. »Sofort« ist wahrscheinlich das falsche Wort, weil meine Hirn-Kopf-Schranke nicht mehr komplett in Takt war. Es war ein eher unangenehmes »Sofort«, bei dem man weiß, dass es zu langsam war, um nicht erwischt zu werden. Und noch bevor mir das klar wurde, tippte sie mir auf einmal an die Schulter. Ich drehte mich um. Dort stand sie mit leicht geöffnetem Mund und biss sich auf die Unterlippe. Was wollte diese 9,5, die gerade zu einer 9,8 wurde, bitte von mir? Sie war einfach über meinem Niveau. Man kann ja selbst meist ganz gut einschätzen, bei wem man landen kann und bei wem nicht, und sie sah so gar nicht nach Landebahn aus. Es musste entweder am Ephe-drin oder am Alkohol liegen, wahrscheinlich an der Kombination von beidem, denn ich ignorierte meine persönliche Einschätzung der Lage und fragte sie, ob sie was trinken wollte, als hätte ich das schon tausende Male gemacht. Die Musik war so laut, dass man sich zum Glück nicht unterhalten konnte, aber sie hatte sichtlich ihren Spaß. Sie trank und tanzte, schloss die Augen und genoss den Mo-ment.

Meine Augen waren auf sie gerichtet, und ich genoss es auch. Das Glas war nicht einmal leer getrunken, da kam sie näher und flüster-te mir ins Ohr: »Lass uns mal Spaß haben.«

Sie legte sich demonstrativ eine Pille auf die Zunge, die sie anschließend herunterschluckte. »Wahrscheinlich Ecstasy oder Speed«, dachte ich mir, denn ich kannte es noch aus der Oberstufe:

Meine damalige Kumpel-Freundin hatte Speed auf Partys genommen. Ich hatte es immer nur von anderen erfahren, weil ich meist nicht dabei gewesen war und es irgendwann in unserer Klasse die Runde gemacht hatte. Unser Bio-Lehrer hatte davon Wind bekommen und in den letzten Stunden ausgiebig mit uns darüber gesprochen, welche negativen Auswirkungen Drogen auf uns haben. Er hatte uns erklärt, wie die Effekte zustande kommen und was es mit unserem Körper macht. Ich hatte das spannend gefunden, aber immer Angst gehabt, dass man sofort abhängig werden konnte.

Sie bot mir auch eine Pille an, und ich nahm sie, warf sie aber hinter mich auf den Boden, was sie nicht bemerkte. Irgendwie fühlte ich mich eh nicht mehr so gut und dachte an das Ephedrin, das ich ja auch schon genommen hatte und das meinen Blutdruck und Puls nach oben trieb. Speed könnte mich womöglich jetzt umbringen.

Sie nahm meine Hand und ich vermutete, dass sie tanze wollte, aber sie führte mich nach draußen auf den Hof und stand mit ihren großen blauen Augen vor mir.

»Wie weit ist es zu dir?«

Ich antwortete: »Fünf Minuten vielleicht, ich wohn direkt ...«, da lief sie schon los und zog an meiner Hand.

Auf dem kurzen Weg gingen mir allerhand Sachen durch den Kopf, zum Beispiel, wieso dieses heiße Mädel mit zu mir wollte und wieso sie mich überhaupt angesprochen hatte. Sie hätte wahrscheinlich den Abend mit jedem dort verbringen können, wieso dann mit mir? Oder war das jetzt so ein Hostel-Ding, wo sie mich zu vier Typen führte, die mich dann kidnappten, meine Nieren verkauften und mich an einen reichen Typen verschacherten, der mich dann am Ende für Geld umbrachte? Vor allem aber musste ich an mein erstes Mal denken, was noch gar nicht so lange her war: Tine, meine erste richtige Freundin in der 11. Klasse, war auch Jungfrau gewesen, aber ich hatte ihr das ganze Dreivierteljahr über erzählt, dass ich schon einmal Sex gehabt hätte mit einem Mädel namens Rebecca.

Rebecca hatte ich in Malaga kennengelernt, als sie mit ihren Eltern so wie ich in den Sommerferien dort Urlaub machte. In meiner Geschichte, die ich Tine aufgetischt hatte, trafen wir uns in meinem Zimmer und machten einige Male rum, bis es dann zum Sex kam. Das mit dem Urlaub mit meinen Eltern in Malaga stimmte, nur waren wir zu dritt auf einem Zimmer gewesen, und ich hatte in einem Gästebett geschlafen, allein.

Als wir dann auf Klassenfahrt gewesen waren und es geschafft hatten, auf ein Zimmer zu kommen, hatten Tine und ich gewusst, dass wir es treiben würden. Ich wollte nicht völlig ohne Plan in diese Schlacht gehen und hatte deshalb vorher gegoogelt, wie man eine Frau am besten befriedigt. Die Foren und Guides dazu waren schon nicht schlecht gewesen, aber ich hatte es am Ende für eine gute Idee gehalten, mir das Ganze mal selbst anzusehen, und hatte mir Pornos angeschaut. Zu einer Prostituierten zu gehen, wie es im Internet von einigen vorgeschlagen wurde, hatte ich auch evaluiert, aber ich hatte nicht die Eier, in einen Puff zu gehen und danach zu fragen, außerdem hätte ich auch nicht gewusst, wo in Delmenhorst ein Puff sein sollte.

Leider hatte ich den Fehler gemacht, nicht auf die Amateur-Rubrik zu klicken, denn was ich am Ende mit Tine angestellt hatte, möchte ich hier eigentlich nicht näher beschreiben. Sagen wir nur so viel: Sie war verstört und ich verwundert gewesen, aber fürs erste Mal war es gar nicht so schlecht gewesen, auf jeden Fall prägend.

Ich wohnte im dritten Stock, man musste Treppen steigen, da es keinen Fahrstuhl gab. Ich ließ sie vor und blickte auf ihre engen Leggings, während sie nach oben balancierte auf ihren High Heels. Dafür, dass sie komplett voll war und sich gerade eine Pille eingeschmissen hatte, machte sie das verdammt gut. Sie hatte diesen »Fick-mich-Blick«, und ich wusste überhaupt nicht, was hier gerade passierte, denn mein Blick sagte eher: »WIE DENN?«

Ich sperrte auf, sie ging einen Schritt in die Wohnung hinein und warf sich mir an den Hals. Sie fing an, mich zu küssen. Ihre

Lippen waren prall, vermutlich aufgespritzt, und ich hatte noch nie so eine gute Küsserin kennengelernt. Sie küsste besser als Tine.

Alles ging so schnell. Sie griff mir in den Schritt, und ich drückte sie im Reflex gegen die Wand, was ihr sichtlich gefiel, denn sie stöhnte bereits laut auf, bevor ich auch nur irgendetwas gemacht hatte. Als ich meine Hände auf ihre Brüste legte und sie fest drückte, leckte sie mir über den Hals und fing auf einmal an, mich zu beißen. Ich wusste, dass es Abdrücke geben würde, und hatte auch das Gefühl, sie markieren zu wollen, woraufhin ich ihr Top herunterzog und ihre Brüste fest zusammenpresste. Sie gab mir eine Ohrfeige und lachte. Ich hatte meine Studentenbude noch gar nicht richtig eingerichtet, meine Möbel von Ikea waren erst in der vorherigen Woche geliefert worden. Ich hatte sie noch gar nicht ausgepackt, mein Bett war noch nicht einmal bezogen, ich schlief seit Wochen in diesem weißen Innenleben, aber das bemerkte sie nicht, denn es war stockdunkel. Wir machten kein Licht an. Ich zog ihre engen Leggins nach unten, ihre Haut war klebrig, was mich extrem anmachte. Ich nahm sie hoch und setzte sie auf meinen Schreibtisch. Meine Tastatur und Maus und allerhand andere Sachen wurden nach hinten geschoben und fielen teilweise herunter. Glas zerbrach, aber ich wusste nicht, wo das Geräusch herkam. Es war mir egal. Sie erregte das noch mehr, und sie kratzte mit ihren Fingernägeln über meinen Tisch, während ich ihre Beine um meine Schulter nahm, wie es die Russen in den Pornos machten, ihr Höschen zur Seite zog und sie fickte. Erst dort, dann auf der Kommode, auf dem Waschbecken im Bad und schließlich im Bett. Wenn ich zwischendrin das Gefühl hatte, zu kommen, dachte ich an eine bestimmte Szene in meiner Jugend, an der ich in meinem Kinderzimmer am PC saß und meine Mutter mir Essen brachte. Dadurch konnte ich den Reiz unterdrücken. Die Strategie hatte ich mir schon für Tine im Internet abgeschaut, und es funktionierte auch hier einige Male.

Der Sex war unglaublich krass, wir trieben es bestimmt eine Stunde und waren beide klitschnass. Sie legte sich auf meine Brust, ich starrte zur Decke und verstand immer noch nicht, was hier gerade passiert war. Bevor ich das Rätsel lösen konnte, schliefen wir ein.

Ich öffnete meine Augen einen Spalt und schreckte hoch. Es klopfte laut, das Adrenalin schoss sofort in meinen Körper, und ich ging wie in Trance zur Tür, vor der Dome stand und mich erschreckt anschaute.

»Was ist denn mit dir passiert?«, fragte er mit einem fassungslosen Blick.

»Jetzt nicht, ich melde mich später!«, erwiderte ich und machte den Türspalt wieder zu. Ich drehte mich langsam um, und mein Kopf pochte vor Schmerzen. »Das muss ein Kater sein«, dachte ich mir und taumelte noch sichtlich angetrunken ins Bad. Ich schaute in den Spiegel und erschrak. Meine Augenringe waren tief dunkel, ich sah so verdammt fertig aus. Wie ein Untoter in Warcraft. Ich machte den Wasserhahn an und hielt meine Hände darunter, blickte langsam nach unten und sah, dass sich das Wasser leicht rot färbte. Ich brauchte einige Sekunden, um zu verstehen, dass es Blut war. Und das war überall: an meinen Händen, am Shirt und auch am Waschbeckenrand. Meine Gedanken spielten komplett verrückt, mein Puls stieg in Sekunden, und mir schossen ganz üble Ideen in den Kopf. Ich rannte zurück in mein Zimmer. Sie war noch da und zum Glück wach, was mich einige Male tief ein- und ausatmen ließ. Ich schaute zu Boden und schloss die Augen, hielt meine Knie.

»Fuck, ich habe meine Tage«, sagte sie. Ich blickte nach oben. Man sah es: Mein Bett war voller Blutspritzer und roter Schlieren. Es sah aus, als wäre hier jemand verblutet. Sie lachte, als sie nackt aus dem Bett stieg. Ich musterte dabei ihren perfekten Körper. Ich wusste nicht, was ich sagen sollte, da gab sie mir schon einen dicken Kuss auf den Mund und verschwand in meinem Bad. Auf ihrem Hintern waren feuerrote Abdrücke meiner Hände. Und auch Kratzer, keine Ahnung, ob sie von mir waren.

Ich schaute mich um und entdeckte noch viel mehr Spuren. Auf dem Schreibtisch und der Kommode, überall war angetrocknetes Blut, vermischt mit anderen Körperflüssigkeiten, und irgendwie gefiel es mir. Es war der Beweis, dass ich mir das alles nicht eingebildet hatte.

Sie suchte ihre Sachen zusammen, zog ihre nasse Unterwäsche nicht mehr an und stopfte sie in ihre Handtasche. Als wir an der Tür standen, gab sie mir noch einmal einen Kuss, und ich wusste gar nicht, was ich sagen sollte. Bedankte man sich jetzt für die Nacht? Sagte man, dass es schön war? Dass man sie wiedersehen wollte? Schöner Rotton?

Sie wollte schon gehen, da schoss mir eine Frage aus dem Mund, die ich unbedingt beantwortet haben wollte: »Wie heißt du eigentlich?«

Sie schmunzelte und antwortete: »Tinkerbell«, zwinkerte und stieg die Treppe herunter.

Ich ging rein und musste jetzt erst einmal meine Bude aufräumen und vor allem auswischen. Das Bettzeug warf ich in den Müll und beschloss, neues zu kaufen. Ich will gar nicht wissen, was der Müllmann, der unsere Container ausleerte, gedacht haben musste.

Ich wischte über meinen Schreibtisch und stellte die Sachen wieder hin, versuchte einigermaßen Ordnung wiederherzustellen und war so in Gedanken, dass ich erst ganz zum Schluss bemerkte, dass an der Wand neben meiner Kommode, wo die Kaffeemaschine stand, ein kleiner roter Handabdruck war. Ich versuchte gar nicht erst, ihn wegzuwischen, und entschied, den Abdruck als Andenken an diese Nacht zu behalten. Das würde noch für einiges an Gesprächsstoff sorgen, und es fühlte sich an wie eine kleine Trophäe. Rot war ab sofort meine Lieblingsfarbe.

Ich sah »Tinkerbell« ein ganzes Jahr nicht mehr, nicht auf dem Hof oder in der Aula, bei keiner Veranstaltung, und auch so lief man sich nie über den Weg. Erst am ersten Tag des dritten Semesters kam sie durch die Tür in meinen Kurs, trug einen großen weißen

Hut und ein enges weißes Kleid und setzte sich neben mich. Als wäre sie nie weg gewesen, legte sie ihre Hand auf mein Bein. Sie war einfach ein Mysterium.

In der Uni fiel mir alles sehr leicht, ich interessierte mich für Fotografie und Photoshop, belegte dementsprechend auch immer genau diese Kurse. In Germanistik schrieben wir lange Hausarbeiten in den Semesterferien, und wenn ich einmal im Flow war, schrieb ich manchmal 10 bis 15 Seiten herunter. Es lag auch an dem Ephedrin, das Glücksgefühle in mir auslöste, aber ich schien auch Talent dafür zu haben. Andere an der Uni griffen zu Ritalin für ihre Klausuren und betrieben aktives »Bulimie-Lernen«: Du ziehst dir innerhalb kürzester Zeit alles an Stoff rein, was du für die anstehende Prüfung brauchst, füllst dein Kurzzeitgedächtnis bis zum Anschlag, entlädst es dann und weißt eine Woche später davon nichts mehr. In meinen Fächern schrieb man keine Klausuren.

Mein Leben bestand aus Basketball, Fitness und Frauen. Die Kombination baute aufeinander auf, denn je besser man spielte, je mehr man trainierte, desto mehr Frauen zog man an. Ich konnte mir das früher in der Schule nicht zusammenreimen, wieso einige immer so viel Erfolg beim weiblichen Geschlecht hatten, aber irgendwie machte das jetzt alles Sinn. Die Nacht mit Tinkerbell hatte mir so viel Selbstvertrauen gegeben, dass ich keine Angst mehr vor Dates hatte. Zwei Jahre lebte ich mein Traumleben, ich wurde immer besser im Sport, und tatsächlich kam irgendwann der Tag, an dem ich sogar einen unsauberen Dunk hinbekam. Leider war Felix zu der Zeit schon nicht mehr dabei, sodass ich ihm seine damalige Aktion nicht heimzahlen konnte. Trotzdem kamen in mir immer mehr Fragen auf, wohin das alles eigentlich führen sollte. Als ich noch Computerspiele gespielt hatte, gab es einen Highscore. Da war klar: Du willst auf Rang eins, du willst das Turnier gewinnen, der beste Spieler werden. Was aber ist das Äquivalent im echten Leben? Was ist hier Rang eins, und kann man überhaupt der »beste

Mensch« werden? Und wenn ja, was würde »der Beste« denn hier bedeuten?

Immer wenn ich darüber nachdachte und auf keine Antwort kam, hielt das Leben ein neues Abenteuer für mich bereit. Ich weiß noch, dass ein neues Semester begann und ich im Kurs saß, als plötzlich ein Mädel hereinkam, das ich noch nicht kannte. Sie hieß Regina und war aus Berlin hergezogen, trug teuren Schmuck, und ich vermutete sofort, dass sie die Tochter reicher Eltern war. Sie musterte mich, und wir warfen uns Blicke zu. Als die Dozentin anfing zu reden, schaute ich zu ihr herüber und kramte meinen Block heraus, weil ich mir Notizen darüber machen wollte, was im nächsten Semester behandelt wurde. Regina gefiel nicht, dass sie meine Aufmerksamkeit verlor, als sei sie eifersüchtig auf die 50-jährige Dozentin (die – das muss ich fairerweise sagen – für ihr Alter wirklich heiß aussah), und als mein Blick sie streifte, biss sie sich auf die Unterlippe. Das war so ein Ding von Frauen, und es hatte immer eine Wirkung auf mich. Ich konnte nicht wegschauen. Sie trug einen mittellangen bunt gesprenkelten Rock, denn es war ein Sommersemester. Als ich sie musterte und meine Augen von oben nach unten wanderten, spreizte sie langsam die Beine, sodass es keiner mitbekam, aber ich konnte ihr unter den Rock schauen und sah ihren roten Slip. Sie schaute verschmitzt, ich fing leicht an zu schwitzen.

Nach der Stunde verabredeten wir uns zum Joggen, und schon als ich ihr Sportoutfit sah, wusste ich, dass wir vielleicht zwischendurch einen Halt machen würden. Und genauso kam es dann auch. Auf einmal erschien mir das mit den Frauen so einfach, obwohl ich immer noch nicht wusste, wie man jemanden anspricht. Ich traute mich nie, den ersten Schritt zu machen. Ich zog sie an, in dem ich einfach mein eigenes Ding durchzog. Das mochten Frauen. Die anderen in meinem Studium verbrachten viel Zeit in der Cafeteria, auf dem Pausenhof und abends in Bars und Clubs, aber das war irgendwie gar nicht meins. Ich bin nie ein Partygänger gewesen, und ich hatte auch nie verstanden, wieso man sich mit seinen Kumpels abends betrinkt. Alkohol macht doch hemmungslos, man tut Dinge, die man sich sonst nicht trauen würde. Das machte für mich nur Sinn, wenn man es auf einem »Date« tat. Das Feierabendbier oder Trinkspiele, die zu nichts führten, konnte ich nie nachvollziehen. Für mich hatte Alkohol einen klaren Zweck, ich wusste, dass ich in der Regel zwei Drinks auf der Couch brauchte, bevor ich etwas initiieren konnte, und dass es ab dem vierten Drink quasi keine Regeln mehr gab – man würde sowieso am nächsten Morgen nichts mehr wissen.

An einem Montag fiel der normale Unterricht aus, weil wir einen Gastdozenten hatten, der seine Lebensgeschichte mit uns teilte. Er wurde vorgestellt als »Unternehmer und Investor aus der Schweiz«. Er erzählte uns, wie er es geschafft hatte, aus ärmlichen Verhältnissen kommend eine Firma aufzubauen, die heute über 20 Millionen Euro Umsatz macht.

Das klang nach so verdammt viel! Ich hatte früher immer die Vorstellung, dass man als Millionär nicht mehr arbeiten müsse, deshalb war ich verwundert, dass dieser Mensch heute an unserer Uni sprach.

Ich erinnerte mich nämlich noch gut daran, dass meine Eltern und ich einmal einen Ausflug in die Schweiz gemacht hatten. Als wir am Nachmittag mit E-Bikes durch eine Stadt gefahren waren, waren wir irgendwann zu einer Straße gekommen, die den Berg hoch führte. Wir waren dem Sonnenuntergang entgegengefahren, und meine Mutter hatte bemerkt, wie schön die Natur hier sei. Am Berghang waren riesige Villen gewesen, die meine Blicke angezogen hatten. Auf Nachfrage, wer in diesen Villen wohl wohnen würde, hatte meine Mutter gesagt: »Reiche Menschen, Torben. Das sind Inhaber großer Unternehmen.« Und auf meine weitere Nachfrage hatte sie nur gemeint: »Nichts für uns, Torben.«

Am Abend hatte ich im Hotelzimmer gesessen und gefragt, wie man denn zu großen Unternehmen käme, und ob man dafür der Gründer von etwas sein müsste und eine herausragende Idee brauchte. Meine Eltern hatten das bejaht und ergänzt, dass viele dieser Menschen auch Geld geerbt hätten und dass es Familienunternehmen wären, mit denen die Töchter oder Söhne meist gar nichts mehr zu tun hätten. Das alles war mir damals so weit weg erschienen, und jetzt stand so jemand dort vorne.

Nach seiner Rede applaudierten zwar alle, aber die Euphorie hielt sich in Grenzen, was mich verwunderte. Ich ging nach unten, und als der Unternehmer sich einen Kaffee am Stand holte, dachte ich darüber nach, ihn anzusprechen. Ich hatte tausend Fragen im Kopf, die wichtigste war allerdings erst einmal, wie man so jemanden überhaupt anspricht. Er ging Richtung Ausgang, und bevor er durch die Tür verschwand, nutzte ich meine Chance, lief ein bisschen schneller und sprach ihn schließlich an.

»Entschuldigung, ich habe noch eine Frage«, brachte ich heraus und merkte meinen enormen Respekt für diesen Menschen in meiner Stimme mitschwingen.

»Ja klar, gerne«, sagte er voller Energie.

»Wie haben Sie das gemacht? Ein eigenes Unternehmen aufzubauen?«, fragte ich ihn und schaute ihn wissbegierig an.

Er zeigte in die Ecke und lehnte sich an das Geländer der Treppe, fing an zu erzählen, wie er schon im Studium die Idee dazu gehabt und sie später mit zwei seiner besten Freunde umgesetzt hatte. Es war unglaublich spannend zu erfahren, dass er scheinbar mal in einer ähnlichen Lage wie ich gewesen war.

»Wie findet man eine gute Idee?«, wollte ich wissen, und er lachte.

»Ideen sind nicht so viel wert, wie man denkt, viel wichtiger ist die richtige Umsetzung!«

Dann musste er los. Sein Fahrer holte ihn ab.

IDEEN (SIND NICHTS WERT, DIE UMSETZUNG IST RELEVANT)

Eine Idee kann man mittlerweile für ein paar Euro im Internet kaufen, sie ist vergleichsweise wenig wert. Viel wichtiger ist die Umsetzung der Idee. Ich empfehle dir, zu Beginn nach Ideen Ausschau zu halten, die kein großes Startkapital erfordern. Direkt eine Idee vor Investoren pitchen zu müssen, wenn du noch keinerlei unternehmerische Erfahrungen gesammelt hast, führt im besten Fall dazu, dass du fast alle deine Prozente abgibst. Die Chance, dass die so genommen wird, ist meist sehr gering. Setz lieber auf etwas, dass du selbst nebenbei starten kannst. Vermeide den Gedanken, dass dir diese Idee Millionen von Euro einbringen soll. Für dich ist von größerer Bedeutung, erste Erfahrungen zu sammeln.

Das Gespräch war sehr inspirierend für mich, warf aber gleichzeitig noch mehr Fragen auf. Konnte man doch Unternehmer werden, ohne zu erben? Wie fand man denn eine Idee, und vor allem, wie setzte man sie um? Was hieß das denn im Detail? Woher kamen die Menschen, die das mit mir machen würden? Ich war ratlos. Zum Glück musste ich nicht lange grübeln, denn Regina war auch bei dem Gastbeitrag gewesen und ging danach mit zu mir einen »Film schauen«.

Mich ließ der Gedanke nicht mehr los, und als ich mein erstes Praktikum absolvierte, wusste ich es mit Gewissheit: Ich wollte kein Lehrer werden. Es war nicht so, dass es mir nicht lag. Die Kids mochten mich, und der Unterrichtsstoff fiel mir leicht. Ich schrieb in der Uni gute Noten, und auch die Betreuungslehrer waren teilweise begeistert von mir, vor allem weil die Kinder so schnell eine Nähe zu mir aufbauten. In einer zehnten Klasse kannte mich sogar ein Schüler noch aus meiner aktiven Gamerzeit und wusste, dass ich einmal Pro Gamer gewesen war, wodurch ich natürlich zum Star unter den Lehrern wurde. Ich war so ein typischer »Bro-Lehrer«, den ich mir selbst früher gewünscht hätte. Einer, der die Jugend versteht, der genau versteht, wer hier wen dominiert und unterwirft und der dann auch eingreift. Ein Lehrer, der einfach für ein gutes Klassenklima sorgt, weil er nicht nach Plan sein Ding macht, sondern sich in die Situation hineinfühlt. Immerhin war meine eigene Schulzeit wegen Lehrern, die dies nicht taten, der Horror für mich gewesen, und das wollte ich niemanden antun.

Aber gleichzeitig hatte ich das Gefühl, für mehr bestimmt zu sein. Ich habe mir selbst immer gesagt, dass, wenn einem etwas zu leicht fällt, man härtere oder größere Herausforderungen braucht. Das war auch beim Spielen damals so gewesen. Wenn dein Gegner nicht mithalten kann, dann macht es keinen Spaß, dann brauchst du bessere. Es muss eine Challenge sein, und das war das Lehrer-Dasein nicht. Der Todesstoß kam in der zweiten Woche, als wir den Unterricht nicht mehr frei gestalten durften, sondern ein Buch in die Hände gedrückt bekamen und mein betreuender Lehrer im Praktikum zu mir sagte: »In den verbleibenden drei Wochen ist das mit den Kindern durchzuarbeiten, und am Ende schreiben wir einen Test.« Ich schaute mir das Buch an, und es war dick, verdammt dick. Die Inhalte waren genau gegliedert, und es war darin sogar aufgeführt, wie die Tafelbilder auszusehen hatten und durch welche Übung man was am besten lernte. Ich hatte keine Möglichkeit mehr, eigenen Input einzubringen. Die Kids sollten *Faust* lesen, obwohl gerade alle im *Harry-Potter*-Fieber waren, und ich hätte so viel lieber ein Werk analysiert, das mit Begeisterung gelesen würde. Es ging darum, bestimmte Werte zu interpretieren, die fürs Leben wichtig sind und uns prägen. Aber genau diese Werte findet man eben auch in der aktuellen Literatur, zu der die Jugendlichen einen viel besseren Bezug haben. Sie sollten viel eher Geschichten lesen, die ihrem eigenen Leben ähneln, als solche, die im Jahr 1500 spielen. Aber meine Kritik stieß auf Granit. Der Betreuungslehrer übermittelte meine Sorge sogar der Uni und ließ vermerken, dass ich Probleme damit hätte, mich anzupassen und in einem Team zu arbeiten.

Einmal hatte meine Klasse Mülldienst. Jeder Schüler bekam eine Zange und sollte Müll vom Schulhof aufsammeln und in die Eimer werfen. Da kam ein Junge zu mir und fragte mich, ob wir nicht Gruppen bilden könnten, sodass sie zu zweit herumgehen und dabei ein wenig quatschen konnten. Ich dachte mir nichts dabei und nickte nur. Oben im Lehrerzimmer saß Herr Petzhold und beobachtete die Situation, stand am Fenster und klopfte dagegen. Ich schaute hoch, und er zeigte auf die Kids, die teilweise zu dritt und zu viert über den Hof jagten mit der Zange in der Hand. Er hielt die Hand vor das Gesicht, schüttelte sie und wollte mir zeigen, dass ich bekloppt sei. Ich verstand mal wieder nicht, und er verschwand vom Fenster. Wutentbrannt lief er zu mir, sein Körper war ganz steif beim Gehen, und ich sah, wie er seine Muskeln anspannte, als er mir entgegentrat.

»Sie spinnen doch! Die Kinder sollen nicht rumalbern und durch die Gegend laufen, sondern allein den Müll aufsammeln. Genau deshalb wollen wir keine Gruppen!«

Ich erwiderte nur ein »Okay« und ließ ihn die Schüler einsammeln und trennen. Dabei guckte ich nach links und rechts und wollte es eigentlich gar nicht mit ansehen.

Ich konnte das nicht machen, gleichzeitig wusste ich auch, dass meine Eltern sehr enttäuscht sein würden, wenn ich es ihnen erzählte, weil das genau der Weg war, den sie doch für so erstrebenswert erachteten: mit dem Abitur an die Uni, Lehramt und danach Verbeamtung.

»Wenn du dann keine goldenen Löffel klaust, hast du ein schönes Leben, Torben. Du findest eine Frau, baust ein Haus und ihr bekommt ein Kind«, sagten sie immer.

Mir wurde jedoch Tag für Tag mehr bewusst, dass sie da nicht meinen Weg aufmalten, sondern ihren eigenen nacherzählten. Meine Eltern hatten sich in der Ausbildung bei der Bundeswehr kennengelernt, waren beide von dort aus ihre Berufswege gegangen, hatten früh unser Haus gebaut, meine Mutter war Anfang 20 und hatte mich auch relativ früh bekommen. Mir aber wurde abwechselnd heiß und kalt bei der Vorstellung. Ich wollte diese dritte Option, die mir keiner beibrachte und auch hier niemand lehrte: Was gab es denn noch außer Ausbildung und Studium? Was war die dritte Option? Die Option, die der Unternehmer aus der Schweiz gewählt hatte, der an unserer Uni war. Er machte aus einer Idee etwas Eigenes, machte sich selbstständig, er kämpfte nicht für die Träume anderer, sondern für seine eigenen. Er stellte sich nicht wie ein Roboter vor Menschen und las aus Büchern ab, er teilte keine Kids für den Mülldienst ein, sondern bezahlte vermutlich Reinigungspersonal, welches das professionell machte, während er den Kindern eine Aufgabe gab, die sie weiterbrachte.

Das war auch mein Weg. Ich hatte nur keine Ahnung, wie der erste Schritt aussehen würde, was mich verzweifeln ließ. Dennoch war mein Gedanke, frei nach Gary Vaynerchuk: »Lieber sterbe ich am eigenen Schwert als an der Klinge eines anderen.«[09]

In den Ferien suchte ich nach Ideen, schaute mich im Internet um, was andere so machten. Ich las über Start-ups und die Gründerszene in Berlin und war überrascht, auf was für Ideen die alle so gekommen waren. In eine App war kürzlich in Millionenhöhe investiert worden, und ich konnte mir gar nicht ausmalen, was man wohl vorlegen musste, damit ein Investor so viel Budget in ein Projekt steckte. Weil meine Suche sich so in die Länge zog und ich keinen wirklichen Plan hatte, wonach ich eigentlich genau Ausschau hielt, verlor ich den Fokus. Beim Gamen und Basketball war mir relativ schnell klar gewesen, worauf es ankam und was ich zu tun hatte, aber hier gab es keine Anleitung. Es schien mir eher ein Thema, über das wenig in der Gesellschaft gesprochen wurde.

Ich versuchte es noch einige Male, aber merkte schon am Wackeln meiner Beine und meiner geringen Aufmerksamkeitsspanne (Fun Fact: Bei uns Menschen hat sie durchschnittlich eine Länge von acht Sekunden, womit sie geringer als bei Goldfischen ist[10]), dass ich es nicht lange aushalten würde. Also ging ich zum Sport, warf Körbe mit Dome und war froh, wenn ich mal ein Date hatte oder eine kurze Beziehung, um mich abzulenken. Das füllte meinen Tag regelmäßig, sodass ich die Ideenfindung immer weiter vor mir herschob.

09 https://www.meon1.com/eng/motivational/die-on-your-sword-not-somebody-elses-gary-vaynerchuk-garyvee-entspresso-2/

10 https://www.pcwelt.de/news/Microsoft-Studie-Goldfisch-aufmerksamer-als-Mensch-Goldfische-sind-aufmerksamer-9674845.html

PROKRASTINIEREN
(TOD DER TRÄUME)

Wir prokrastinieren, wenn wir etwas nicht machen wollen aus Angst oder weil es uns lästig ist. Jeder kennt das aus der Schulzeit, wenn man erst am Abend vorher beginnt zu lernen und dann die Nacht keinen Schlaf bekommt, um sich den Lernstoff noch irgendwie zu behalten. Hinterfrage bei deinem aktuellen Vorhaben immer wieder, ob du es wirklich umsetzen möchtest und auch, warum dir die Motivation fehlt. Oft ist dir das Resultat nicht wichtig genug. Dann hinterfrage dein Vorhaben besser komplett und verschwende nicht deine kostbare Zeit. Bei nervigen Aufgaben empfiehlt sich das Prinzip von EAT THE FROG FIRST: Mach die Aufgabe des Tages, auf die du am wenigsten Lust hast, als Erstes direkt morgens, bevor du deine anderen Themen angehst. So belohnst du dich im Anschluss mit den Dingen, die dir mehr Spaß bereiten, und das Beste ist, das lästige Übel ist schon erledigt.

Ich bemerkte das aber damals nicht, weil die kurzzeitigen Befriedigungen im Leben wie die Äpfel im Paradies sind: Sie sind verlockend, sie sind süß, man will davon kosten. Und dann schmecken sie auch noch so gut, dass man sie immer wieder will.

Janine hieß sie, wir hatten uns auf einer Party kennengelernt, und ich fand sie sehr heiß: klein und blond, ein bisschen böse. Sie war genau diese beschriebene Versuchung, sie flüsterte mir schmutzige Sachen ins Ohr, wenn wir in der Vorlesung saßen, wir trafen uns anfangs ein- bis zweimal die Woche, irgendwann jeden Abend. Ein paar Wochen zuvor hatte ich abends noch durch die Foren gestöbert, jetzt war Janine da. Wir tranken Cocktails, schauten Filme, liebten uns, tagsüber Basketball und Uni. Das war mein Leben, und es fühlte sich super an. Solange man einen gewissen Pegel hielt: Ich meine damit nicht den Alkoholpegel, der war immer noch nicht hoch, denn ich wusste ja, dass Janine sowieso mit mir Sex wollte, also brauchten wir irgendwann die Cocktails nicht mehr. Ich meine den Pegel der kleinen Ablenkungen. Sie sorgen dafür, dass wir von einem Endorphin-Kick zum nächsten übergehen. Kaffee trinken mit Freunden, Party, Sex mit der Freundin, Basketball, eine Serie, ein Stück Schokolade, eine zweite Folge der Serie, nochmal Sex vor dem Schlafengehen. Damit alles noch mehr Spaß machte, kam noch täglich das Ephedrin dazu. Das gab mir Energie und Power, all das auch durchzustehen.

Es blieb keine Zeit mehr nachzudenken, man wurde immer beschallt, hatte keine Zeit mehr für langfristige Ziele, weil sie keine Glücksgefühle ausstießen, die Gier nach der schnellen Befriedigung tötete alle anderen. Ich bemerkte es damals nicht, aber es war wieder eine Sucht.

Ich zog das ein paar Jahre so durch und stand damit nicht allein. Das war das typische »Studentenleben« aller hier. Allerdings wussten die meisten, was sie nach dem Studium machen würden, nämlich an eine Schule gehen und unterrichten. Meine Uni war dafür bekannt, einen guten Ruf für das Lehramtsstudium zu haben. Ich war völlig fehl am Platz, realisierte es aber nicht, bis eines Tages ein alter Schulkollege anrief, mit dem ich schon zur Grundschule gegangen war:

»Hey Torben, fuck Alter, Claudia ist gestorben. Sie wurde tot aufgefunden, Überdosis. Ich wollte es dir nur erzählen, ihr wart ja gut befreundet damals.«

Noise cancelling. Ich hörte ihn noch dumpf weitersprechen. Es war wie damals mit Natalia beziehungsweise Andi im Teamspeak, ich war mit meinen Gedanken schon woanders.

Claudia war tot? Die Claudia, die ab und an mal Speed auf einer Party genommen hatte und wegen der unser Biolehrer uns diese Predigt gehalten hatte? »Das kann doch gar nicht sein«, dachte ich nur.

Mir war auf einmal schlecht, ich lief auf die Toilette und musste mich übergeben. Ich zitterte am ganzen Körper und trank ein Glas Wasser, setzte mich aufs Bett und ließ meinen Oberkörper nach hinten fallen. Es drehte sich alles wie nach einer Party, wenn du versuchst, die letzten Stunden zu rekonstruieren, nur dass ich versuchte, die letzten Jahre zu verstehen: Es war eine Flucht. Sie hatte nicht die kleine Unscheinbare sein wollen, über die keiner sprach, die keine Aufmerksamkeit, keinen Jungen und kein gar nichts abbekam. Deshalb hatte sie plötzlich angefangen, auf die Partys zu gehen und zu trinken. Sie war eigentlich gar nicht so eine gewesen. Sie wurde zu so einer gemacht. Erst Alkohol, auch immer direkt viel zu viel, wie eine Mutprobe vor den anderen, damit jemand über sie redete, weil sie eben auch nicht beliebt gewesen war. Lieber sagten die Leute: »Sie war mit Abstand die Vollste an dem Abend«, als dass sie gar nicht über einen redeten. Dann war Gras dazugekommen, das aber hatten viele geraucht. Sie war die Erste gewesen, die damals mit Pillen angefangen hatte, und deshalb hatte sich das auch so schnell rumgesprochen. Sie war richtig bekannt dadurch geworden. Keiner hatte gewusst, wo sie diese herbekommen hatte. Es war ein Mysterium gewesen, und wer von den ganz Mutigen und Coolen es mal hatte ausprobieren wollen, der hatte sie halt ansprechen müssen. »Die mit den Pillen.« Aber wahrscheinlich hatte sie einen ganz anderen Traum gehabt, nur hatte ihr damals keiner zugehört, und jetzt wurde er für immer begraben. Wie der Traum vieler anderer Menschen, die zwar nicht sterben, aber ein Leben in Fesseln verbringen.

Ich lag dort für Stunden und realisierte: Das hier war genauso eine Box wie die, aus der ich geflüchtet war. Virtuelle Welt und reale Welt sind gar nicht so verschieden, wie ich damals dachte. In beiden Welten ist man gefangen und eingeschränkt.

Hier bekam jeder sogar genau vorgegeben, was er zu machen hatte. Damals konnte ich wenigstens selbst entscheiden. Und niemand sagte uns, wie man hier rauskam und was das Leben für Möglichkeiten bereithielt. Wieso gab es keine Schulfächer wie »Persönlichkeitsentwicklung« oder »Unternehmertum«, in denen einem gezeigt wurde, wie man eine Idee fand, ausarbeitete, eine Firma gründete und welche Steuern dann zu zahlen waren? Keiner sagte uns, wie wir unsere Passion fanden oder unsere Talente erkennen konnten. Wieso analysierten wir Brecht in der Schule, wenn wir alle Rowling lesen wollten? Wo gab es Informationen darüber, wie man auswanderte, wenn man später eben nicht in Deutschland leben wollte? Wieso gab es keine kreativen Sessions, in denen man brainstormte, Mindmaps baute und gemeinsam nachdachte und Lösungen erarbeitete?

Albert Einstein hat einmal gesagt, dass ein Fisch, den du danach beurteilst, wie gut er einen Baum hochklettert, immer denken wird, dass er unfähig sei, und genau das war Schule: Jeder ist verschieden. Für die einen liegt die Zukunft in Mathe, für die andere in Sprachen, und es gibt eben auch welche, für die lautet die Antwort: »Weder noch!«

Es hat schon einen Grund, wieso die erfolgreichsten Menschen oftmals keinen Schulabschluss haben oder zumindest ihr Studium frühzeitig beendeten: Das war nicht der Stoff, den sie brauchten für das, was sie wollten.

All diese Gedanken und Fragen schossen mir ungeordnet durch den Kopf. Ich hatte keine Antworten.

Claudia war wie ich geflüchtet, nur hatte sie zu Pillen gegriffen, und ich damals zum Computer. Ich starb nach zehn Jahren den sozialen Tod, sie den echten.

Es war das zweite Mal in meinen Leben, dass meine kleine Welt zusammenbrach. Was ich wusste, war: Ich wollte so nicht weitermachen. Ich hatte nur immer noch keine Ahnung, wie ich aus meinem Dilemma herauskommen konnte.

Tag »X«:
When opportunity
knocks ...

Ich spülte die restlichen Ephedrin-Tabletten in der Toilette runter und schrieb Janine, dass ich krank sei, und auch Dome sagte ich erst einmal Basketball ab. Ich brauchte Zeit für mich. Ich brainstormte das erste Mal wieder seit über zehn Jahren. Damals hatte ich es für Xouis Strategien im E-Sport getan, jetzt für Torbens Strategien im echten Leben. Ich stellte mir die Frage, wo ich eigentlich hinwollte, und fing an, im Internet gezielter zu suchen. Allerdings gab es damals noch nicht so unendlich viele Videos zu diesen Themen, wie sie heute zu finden sind. Das war ein Grund dafür, warum ich mir schwor, mein Wissen für andere bereitzustellen, wenn ich es einmal schaffen würde. Ich habe am eigenen Leib erfahren, wie schwer es ist, ein Pionier auf einem Gebiet zu sein, wenn das soziale Umfeld aus Leuten besteht, die alle den Weg des Systems gehen und man sicher weiß, dass es nicht der eigene Weg ist.

Ich malte mir auf, wo ich in fünf, zehn und 30 Jahren stehen wollte und wie meine Zukunft aussehen würde, wenn ich so weitermachte wie bisher: In zehn Jahren wäre ich Lehrer an einer Schule, in 20 Jahren vielleicht Oberstudienrat und in 30 Jahren möglicherweise Rektor. Ich würde also die nächsten 40 Jahre lang das Gleiche machen und zweimal »befördert werden«. Mir machte diese Vorstellung Angst, vor allem, weil es nicht mehr lange dauern würde, bis das Referendariat losgehen würde. Da bliebe dann keine Zeit mehr, über einen anderen Weg nachzudenken, und je älter ich würde, desto härter würde es werden. Der Rucksack des Lebens wird immer schwerer, irgendwann ist da Familie drin, die Bürde des abgeschlossenen Studiums, der Job, an dem die Raten für das

Eigenheim hängen, und vieles mehr. Jetzt war mein Rucksack fast leer. Ich hatte keine Verpflichtungen, aber in ein paar Jahren würde meine Entscheidung schwerwiegendere Folgen haben, weshalb im mittleren Alter auch kaum noch jemand den Weg der Veränderung geht.

Ich brauchte einfach mehr Informationen, um mir ein Bild machen zu können, und bestellte mir haufenweise Bücher, die es nicht als E-Books oder Zusammenfassungen gab. Ich las sie allerdings nicht komplett von vorne bis hinten, sondern hatte eine spezielle Taktik: Ich las den Bücherrückentext zuerst, damit ich wusste, worum es ging. Dann las ich das Kapitel, welches ich am spannendsten fand, und danach erst entschied ich, ob ich weiterlas. Viele Bücher hatten nämliche viele Seiten und wenig Inhalt, die wollte ich gerne alle überspringen.

LESETECHNIK

Wenn du selten liest und dies ändern möchtest, empfehle ich dir meine Lesetechnik: Wer sagt denn, dass wir ein Buch von vorne bis hinten lesen müssen? Niemand. Lies zuerst den Bücherrückentext, ob dir der Inhalt prinzipiell zusagt, und schlag dann das Kapitel auf, welches du am spannendsten findest. Wenn es dir gefällt, schaust du, ob es noch weitere gibt, die von den Überschriften her gut klingen, und liest diese. Es geht beim Lesen nicht darum, es abzuhaken, sondern die für dich wichtigsten Punkte herauszuholen, die du in der Praxis umsetzen kannst.

Außerdem motivierte ich mich, überhaupt zu lesen, indem ich dafür sorgte, dass ich wenigstens die spannenden Zeilen zuerst erwischte.

Ich kaufte mir ein Whiteboard und stellte es in mein Appartement, ein 30 Quadratmeter großes Zimmer mit Bett, Schreibtisch, Couch, voller Bücher und meiner neuen »Brainstorming-Ecke«. Ich schloss mich wortwörtlich für die nächsten Wochen ein und begann mein Selbststudium, konnte jedoch die Zweifel in meinem Kopf nicht besiegen, dass ich vielleicht am Ende nichts finden und mir keine zündende Idee einfallen würde.

Ich lud Dome zu mir ein und wollte ihm von meinem Plan erzählen, ihn einweihen und meine Erkenntnisse mit ihm teilen, aber er lachte mich schon aus, als er das vollgestellte Zimmer sah.

»Was ist das denn? Eröffnest du eine Bibliothek, oder was?«

Ich versuchte es zu erklären, aber er wollte es nicht verstehen, kommentierte meinen Vortrag zwischendrin schon immer mit »Ah, ja« oder »Okay, ja klar«, und an der Stimmlage merkte ich, dass er mich nicht ernst nahm und sich lustig darüber machte. Er verstand es einfach nicht. Lediglich bei Claudias Tod wurde er kurz still und

bekundete sein Beileid. Er verabschiedete sich und drückte mir an der Tür noch einen Spruch rein: »Falls du fertiggelesen hast, sehen wir uns später beim Basketball in der Halle.« Dann ging er.

Janine überspielte meine Sorgen mit Lust, setzte sich auf meinen Schoß und fing an, meinen Hals zu küssen, als wollte sie sagen: »Sei still und fick mich einfach.« Ich fühlte mich wie ein blinder Passagier auf einer Kreuzfahrt, bei der man nicht weiß, wo sie hinführt, und man auch kein Internet hat, um auf dem Navi nachzusehen, wo man sich gerade befindet.

Ich hatte mein Glück in den letzten Jahren in die Hände von Dome, Basketball und zwischen die Beine von Janine gelegt. Deshalb fiel es mir jetzt auch so schwer, abzusagen und Schluss zu machen, aber es war die einzige Möglichkeit. Ich weinte mehr als sie und brachte es kaum heraus. Auf ihrem Gesicht war Unverständnis zu erkennen, und sie merkte, wie ich haderte und in der gleichen Sekunde bereute. Ihre Worte »Du musst das nicht machen, das weißt du, oder?« sind bis heute noch in meinen Ohren, so als hätte sie es gestern gesagt. Ich drückte mein Gesicht ins Kissen, sie nahm ein paar gemeinsame Sachen und ging. Sie zog die Tür leise zu, was es mir noch schwerer machte, weil ich wusste, dass sie traurig war und nicht wütend.

Ich las im Internet einen Artikel über Dubai und wie schnell dort gebaut wurde, sodass innerhalb weniger Monate ein ganz neuer Stadtteil entstand, an einer Stelle, an der vorher Wüste gewesen war. Es faszinierte mich. Ich druckte mir ein Bild vom Strand aus und pinnte es mit einer Heftzwecke an mein Board. Irgendwann wollte ich da mal hin und am Meer spazieren gehen, obwohl ich kein großer Strand-Fan war. Mir wurde sehr schnell langweilig. Irgendwann wollte ich auch mal in die USA, New York und Los Angeles sehen, in Casinos in Vegas spielen, wie man es in Filmen zu sehen bekam. Irgendwann würde das alles möglich sein. Ich sah es vor meinen Augen real werden.

TRÄUME REALISIEREN

Träume sind wichtig, weil sie uns eine Vorstellung von dem geben, was möglich ist und wir uns wünschen. Bilder unserer Ziele können dazu beitragen, dass du weniger prokrastinierst und endlich ins Machen kommst. Wichtig ist, sich klarzumachen, dass Träume keine Realität sind. Viele verlieben sich in das Gefühl des Träumens und belassen es dabei. Visualisiere deinen Traum und mach ihn dir zum Greifen nah, indem du dir ein Vision-Board baust, das dich stetig an deine Visionen erinnert.

In der Uni nannten sie mich Träumer, dabei war ich derjenige, der nächtelang in meinem Appartement Runden drehte, lernte und brainstormte, während sie schliefen. Ich ballte immer die Faust, wenn ich Sprüche dieser Art hörte. Das packte mich in meinem Innersten. Ich musste eine Challenge daraus machen, nur so wurden die Träume zu Visionen.

Es hatte mich schon früher angespornt, wenn andere zu arrogant waren, zu viel von sich hielten oder schlecht über mich redeten. Ich zog viel Energie aus dem Hass und Neid anderer. Das war schon so beim Computerspielen.

»DEIN NEID IST MEINE ANERKENNUNG, DEIN HASS MEIN SIEG!«

Am Wochenende wollte ich das erste Mal einen kleinen Trip nach Berlin machen. Ich war total unerfahren, hatte noch nie selbst etwas für mich gebucht, und mein Orientierungssinn war schon immer ziemlich mies. Ich reservierte mir ein Zimmer in einem kleinen Hotel und ein Zugticket und nahm mir fest vor, früh genug zum Bahnhof zu gehen, damit ich genügend Zeit hätte, um meine Bahn zu finden. Ich wollte zu einem Event für junge Gründer, auf dem ich Kontakte knüpfen und einfach mal schauen wollte, wer sich da so tummelt. Ihr erinnert euch noch an den Spruch: Du bist der Durchschnitt der fünf Ideen, die dich umgeben. Dementsprechend brauchte ich jetzt fünf Leute, die auch irgendwann was Eigenes machen wollten, die auch versuchten, sich selbstständig zu machen, und im besten Fall einen Schritt weiter waren als ich.

Das hatte doch beim Basketball auch schon geklappt: Ich hatte so hart trainiert, weil um mich herum alle Spaß an dem Spiel hatten, weil Dome und ich uns gegenseitig pushten. Irgendwie machte mich der Gedanke daran traurig, und ich fragte mich, wieso ich es nicht schaffte, Dome auch bei meinem neuen Ziel zu pushen. Es würde so viel Spaß mit ihm machen, sich jetzt auch noch etwas Eigenes aufzubauen, aber er war sich sicher, dass er Journalist werden wollte, und ich akzeptierte das. Er könnte dann später über mich berichten, dachte ich mir und schmunzelte.

Mein Wecker klingelte um 6:30 Uhr. Ich hasste es, früh aufzustehen, aber ich wollte genug Zeit haben, mich fertig zu machen. Ich ging duschen, frühstückte und schaute noch einmal in meinen Koffer. Es war alles gepackt. Ich war bereit. Irgendwie fühlte sich diese anstehende Reise gut an, das Adrenalin stieg, ich war gespannt auf die neuen Gesichter und ob ich ein paar Leute kennenlernen würde, mit denen ich in Kontakt bleiben könnte.

Ich war gerade dabei, mir die Zähne zu putzen, als es an der Tür klopfte. Ich war verwundert, wie der Postbote ins Haus gekommen war, ohne unten zu klingeln, aber wahrscheinlich stand das Tor einfach offen oder jemand anderes hatte ihn reingelassen. Ich spuckte ins Waschbecken, wischte meinen Mund ab und öffnete die Tür.

»Hi! Was geht? Ich heiße Jonathan und bin dein neuer Nachbar.«

Ich war überrascht von der Energie, die er ausstrahlte, und fragte wie im Reflex, ob er noch kurz mit mir einen Kaffee trinken wollte. Er kam rein. Jonathan war 1,90 Meter groß und hatte strahlend blaue Augen, die ein bisschen hypnotisierend wirkten. Er machte einen sehr sympathischen Eindruck,

»Welche Wohnung hast du hier?«, fragte ich ihn, und er erzählte mir, dass er direkt neben mir eingezogen war. Ich hatte gar nicht mitbekommen, dass Eva nebenan ausgezogen war. Wir hatten aber auch nie so viel Kontakt gehabt, sie studierte Sozialwissenschaften. Jonathans Kombination war Sport und Geschichte.

»Ach witzig, mein Bro Dominik belegt auch Geschichte. Er studiert Journalismus«, sagte ich.

Jonathan schmunzelte: »Ja, ich weiß, wir sind zusammen zur Schule gegangen. Er meinte zu mir, ich soll mal bei dir klopfen, mich vorstellen.«

Was für ein Zufall! Wir plauderten, und ich erzählte ihm, dass ich gleich nach Berlin fahren würde auf ein Meet-up, um mal rauszukommen aus Oldenburg und neue Leute kennenzulernen, und dass ich deshalb auch gleich losmüsste. Er war neugierig, fragte mich, ob man für die Veranstaltung ein Ticket bräuchte und was ich mir denn gerade aufbauen würde. Ich unterhielt mich mit ihm, während ich aufstand und unsere Tassen auf die Spüle stellte und meine Jacke anzog. Ich hätte schon längst losgehen sollen, als er mich an der Tür stehend plötzlich fragte, ob er vielleicht mitkommen könnte. Ich war verwundert, aber auch irgendwie positiv überrascht, weil das Wochenende dann sicherlich noch spannender werden würde. Also antwortete ich: »Ja klar, aber wir müssen uns beeilen, der Zug kommt in 45 Minuten.«

Jona schaffte es nicht, so schnell zu packen. So fuhren wir am Ende mit seinem Auto nach Berlin. Ich erfuhr, dass seine Eltern ein eigenes Gesundheitszentrum besaßen und er sich definitiv auch etwas Eigenes aufbauen wollte. Ich konnte es gar nicht glauben. Es schien, als hätte dieses Türklopfen mir gerade genau den Weggefährten beschert, den ich seit Wochen suchte.

Im Englischen gibt es ein Sprichwort, ich habe es das erste Mal bei einem meiner Mentoren in Los Angeles gelernt: »When the student is ready, the teacher will appear« – wenn du bereit bist, wird ein Lehrmeister auftauchen. In dem Fall war es ein Gleichgesinnter, aber ich glaube, die verkopfte Suche nach etwas verhindert oft den Fund: Anstatt jemanden zu suchen, der mit einem etwas durchzieht, sollte man lieber die Suche nach sich selbst beginnen. Man sollte lernen, an sich zu arbeiten und zu wachsen. Wenn du zu der Person wirst, die du gerne finden würdest, kommt sie oftmals ganz von alleine.

LIVING A SELFMADE LIFE

Jeder will immer Teil des Ergebnisses sein, jedoch kaum einer Teil eines Prozesses. Noch schlimmer ist: Die wenigsten kennen den Prozess überhaupt.

Ich wusste damals, dass ich mein eigenes Ding machen wollte, vor allem durch Negation der anderen Optionen. Ich wusste aber nicht, wie der dazugehörige Weg aussehen würde.

Nach dem Wochenende hatten wir Blut geleckt. Wir hatten so viele Menschen getroffen, die bereits ein Start-up gegründet hatten, eigene kleine Büroräume gemietet hatten und die ersten Umsätze machten, dass Jonathan und ich beschlossen, gemeinsam durchzustarten. Es fühlte sich extrem gut an, jemanden an der Seite zu haben, der anscheinend ein ähnliches Mindset hatte. Wir konnten nun gemeinsam diesen Weg erkunden.

Einige Leute auf dem Event gaben uns den Tipp, dass man auf jeden Fall verkaufen können müsse und dass das die Basisfähigkeit sei, die man braucht. Wir hatten keine Ahnung, wo und wie wir diese Fähigkeit lernen könnten. Eine Anzeige in der Oldenburger Tageszeitung war der Startschuss: Ein alternativer Stromanbieter suchte Verkäufer. Dass es sich dabei um den Verkauf an der Haustür handelte, wussten wir anfangs nicht. Aber es war egal – dieser Pioniermoment und das dazugehörige Gefühl waren so stark, dass wir nicht weiter darüber nachdachten. Wir wollten einfach in die erste Erfahrung eintauchen.

Ich erinnere mich noch gut daran, wie wir in meinem Zimmer saßen und Oldenburg in zwei Hälften teilten, darüber sprachen, wer welche Viertel und Straßen übernehmen würde. Wir druckten uns ein Skript aus dem Internet aus, mit dessen Hilfe man angeblich an der Tür gut verkaufen konnte, lernten es auswendig und schauten auch einige Lernvideos dazu, die uns der Stromanbieter gab. Wir dachten: »Wenn wir das hier meistern, dann können wir danach immer noch sehen, welches eigene Produkt wir kreieren können.« Es war zumindest mal der erste Schritt, nach dem ich schon so lange Ausschau gehalten hatte.

Ich kaufte mir zwei Hemden und ein Jackett. So etwas hatte ich bisher noch nie getragen. Denn in den Videos waren die meisten Vertreter recht schick gekleidet. Sie sahen ein bisschen so aus, als würden sie auf eine Konfirmation gehen. Wir übten die Gespräche an der Tür in unseren Appartements, mal spielte Jona den Kunden, mal ich. Es machte extrem viel Spaß, wir pushten uns gegenseitig und witzelten, dass wir richtig elitäre Verkäufer werden würden, die irgendwann alles verkaufen könnten.

Als wir auf der Suche nach guten Tipps eine Website fanden, kamen wir zu dem Entschluss, dass wir auch so etwas bräuchten. Interessierte würden vielleicht auch über das Internet auf unsere Tarife aufmerksam, und dann könnte man zusätzlich auch noch am Telefon verkaufen. Zum Glück hatte der Betreiber der Website auch ein E-Book zum Thema Telefonverkaufsgespräche im Angebot, das man für 20 Euro erwerben konnte. Das druckten wir ebenfalls aus. Jona befasste sich mit Baukastensystemen von Webseiten, während ich das E-Book eingehend las.

»Wir brauchen vor allem ein Logo«, sagte er.

Das würde irgendwann jeder kennen, und die Leute wüssten gleich: »Da sind sie wieder ...«, er pausierte kurz, »... die Verkäufer!« Er lachte dabei und wusste auch nicht, was er Sinnvolleres einsetzen sollte.

Mit Photoshop konnte ich ein bisschen umgehen, denn ich hatte es in den Kunstkursen an der Uni schon öfters benutzt. Ich lud es mir im Netz herunter, crackte die Version und dachte dabei an meine Hackerzeit mit Ivan. Auch ich schmunzelte vor mich hin. Wer hätte gedacht, dass mir diese Fähigkeit nun doch noch zu Hilfe kommen würde, während ich Designs baute.

Jonathan kam auch mit der Website gut voran, merkte aber an, dass wir am Wochenende unbedingt ein Fotoshooting machen müssten, weil wir zwei identische Bilder brauchten, am besten einfach vor einer weißen Wand. Ich fragte Antje aus dem Fotografiekurs, ob sie uns aufnehmen könne.

Eines Morgens klopfte Jona bei mir und rieb sich die Hände, da es kalt geworden war. Wir hatten die vergangenen zwei Monate einiges übers Verkaufen gelernt, viel gebrainstormt, Strategien entworfen und Bilder gemacht, und auch das Grundgerüst unserer Website stand. Verkauft hatten wir jedoch nichts. Genauer gesagt, wir hatten nicht an einer einzigen Tür geklingelt, und inzwischen war es Winter geworden.

Ich glaube, das spiegelt sehr gut wider, was ich auch heute besonders in den sozialen Medien immer wieder sehe: Junge Menschen, die #entrepreneur in ihrer Biografie stehen haben und mit Begriffen wie »hustle« und »grind« um sich  werfen, wollen nur den Lifestyle leben, ohne den Prozess des Unternehmertums wirklich zu durchlaufen. Es ist wie ein Qualifying zu fahren, dann aber beim Rennen nicht anzutreten.

Jona und ich prokrastinierten, aber merkten es nicht: Wir fanden immer wieder Aufgaben, die wir tun konnten, ohne aktiv etwas umsetzen zu müssen. Heute ist es für viele noch viel schlimmer. Die

Auswahl an Content zu Themen, Kursen, Coachings und Seminaren ist so groß, doch das meiste spielt sich außerhalb des Rennens ab. Leute wechseln lieber dreimal ihre Reifen, anstatt eine Runde zu fahren. Genau wie wir damals.

Nach einigen Wochen im neuen Semester fiel uns auf, dass wir keinen Kurs gewählt hatten, und jetzt war es eh zu spät. Wir nahmen ein Urlaubssemester und lenkten den Fokus auf unser Business, aber da war kein Business. Da waren nur die Idee und der Traum von einem Business.

Meine Eltern bemerkten, dass ich mich immer weniger meldete. Sie überwiesen mir nach wie vor monatlich Geld von meinen Gaming-Ersparnissen und einen kleinen Zuschuss, bis mich meine Mutter an einem Sonntagnachmittag anrief. An ihrem Tonfall merkte ich schon, dass es nicht der typische »Wie geht's dir mein Schatz«-Anruf war, sondern mehr dahinterstecken musste. Sie erzählte mir, dass mein Geld langsam zur Neige ginge und sie auch nicht vorhätten, mir noch mehr Zuschüsse zu geben. Ich dachte, ich bräuchte nur 200 bis 300 Euro pro Monat, um über die Runden zu kommen, die Realität wich jedoch deutlich davon ab: Ich benötigte monatlich 500 Euro Kaltmiete für mein Appartement, Handy und Internet kamen mit noch einmal circa 100 Euro dazu, plus Verpflegung. Wenn ich abends auch mal Essen ging, waren auch immer direkt 50 bis 70 Euro weg, dann kam der Trip nach Berlin mit 400 Euro, obwohl wir mit dem Auto gefahren waren und uns die Spritkosten geteilt hatten. Man merkt erst, wie viel man wirklich ausgibt, wenn man sich mal zehn Minuten Zeit nimmt, eine Kostentabelle anlegt, sich die Fixkosten ansieht und die ins Verhältnis zu den Einnahmen setzt. Es gibt Leute, die erzählen dir auf Seminaren die kompliziertesten Konstrukte, aber so eine Rechnung kann jeder aufstellen, auch ohne auf einem teuren Seminar gewesen zu sein oder etwas dazu gelesen zu haben, und sie würde so einige vor der Privatinsolvenz retten.

KOSTENTABELLE AUFSTELLEN

Stell eine simple Kostentabelle auf, in der deine gesamten monatlichen Kosten enthalten sind, wie Miete, Telefonvertrag, dein Abo im Fitness-Studio u. v. m. Benutze am besten die letzten Kontoauszüge dafür, um sicherzustellen, dass du auch nichts vergessen hast. Dann kannst du anfangen, deine Kosten zu optimieren. Möglicherweise fallen Fixkosten an, die du streichen kannst. Dann mach das.

Ich machte sie für mich, und hätte ich einen Rotstift gehabt, dann hätte ich die meisten Zahlen mit diesem schreiben können, denn ich war jeden Monat fett im Minus. Meine Mutter schlug vor, dass ich mir einen Studentenjob suchte wie jeder andere auch. Nachhilfe zu geben, war ihre Idee. Es würde perfekt zu meinem Studium passen, denn ich würde dann noch besser lernen, wie man Kids etwas beibringt. Ich konnte ihr aber nichts von meinen geänderten Plänen erzählen, da ich diese Diskussion nun wirklich nicht gebrauchen konnte, und wahrscheinlich hätte sie mir danach nicht mal mehr mein eigenes Geld überwiesen. Deshalb stimmte ich ihr einfach zu und legte auf.

Bei Jonathan sah es nicht anders aus. Er hatte mit einem Urlaubssemester angefangen zu studieren und außerdem zwei Fächer gewählt, die nicht zusammenpassten. Zudem fehlte ihm das Hauptfach bei seiner Kombination, sodass er sowieso auf ein Referendariat hätte länger warten müssen, wenn er jetzt nicht die Reißleine zog. Wir gingen spazieren. Das machten wir jeden Sonntag und schmiedeten dabei normalerweise neue Pläne für unser »Business«, wobei wir uns ganz genau überlegten, was es noch zu erledigen gab, damit wir bloß nicht nächste Woche an einer Tür klopfen mussten. Dieses Mal sprachen wir offen miteinander.

REFLEKTIEREN & REALITYCHECK

Nimm dir einmal pro Woche ein paar Stunden Zeit für dich selbst, nur um zu reflektieren, was gut lief und was schlecht war. Auf diese Weise kannst du Probleme frühzeitig identifizieren und direkt nach Lösungen suchen. Ich empfehle dir dafür einen Spaziergang draußen, stell dabei dein Handy in den Flugmodus und genieße, dass du etwas Zeit in dich investierst. Du wirst schon nach kurzer Zeit diese »ME Time« zu schätzen wissen. Sei ehrlich zu dir selbst und pack für dich die Fakten auf den Tisch.

Ich sagte ihm ehrlich, dass wir nicht in die Pötte kämen, und erzählte ihm von meiner Rechnung. Seine sah nach kurzem Überschlagen ähnlich aus. Wir mussten jetzt endlich Geld verdienen.

Zu Hause angekommen setzten wir uns ein Ziel: 400 Euro. So viel, wie man bei einem Aushilfsjob auch verdienen würde. Nun überschlugen wir, was wir für 400 Euro tun müssten. Wir bekamen 50 Euro Provision. Es waren also acht Haushalte pro Person, die unseren Strom kaufen mussten, damit wir auf die Zielsumme kämen. Das war doch überhaupt nicht viel, dachten wir. Aber irgendwie hatten wir das bisher noch nie so errechnet. Also machten wir aus, erst wieder an anderen Dingen zu werkeln, wenn wir das Etappenziel erreicht hatten.

ZIELE STECKEN
UND HERUNTERBRECHEN

Ohne Ziele irrst du umher und wirst nicht vorankommen, weil dein Warum fehlt. Steck dir drei große Jahresziele und brich diese herunter in Monats-, Wochen- und Tagesaufgaben. Mithilfe dieser Einzelmaßnahmen wirst du deutlich schneller deine Ziele erreichen können. Meine Faustregel: realistische Ziele plus zehn Prozent. Es macht doch viel mehr Spaß, wenn die Ziele zwar greifbar sind, du dich aber auch etwas anstrengen musst.

Am nächsten Morgen legten wir los. In dicken Winterjacken stapften wir durch Oldenburg, und dann stand ich vor meiner allerersten Tür. Ich haderte mit mir, zu klingeln, und schaute immer nach links und rechts in die Fenster, ob mich jemand von drinnen bereits beobachtete. Nicht dass jetzt noch die Polizei gerufen würde, weil da ein vermummter Typ vor der Haustür stand und wartete. Ich murmelte den Text vor mich hin, den ich jetzt gleich sagen würde. Irgendwann atmete ich tief ein und klingelte. Es fühlte sich an, als wenn man einen Ball durchs Wohnzimmer schießt, dann die Augen zusammenkneift, weil man hofft, dass er kein Porzellan trifft. Das mag an dieser Stelle nicht die beste Analogie sein, aber ich erinnerte mich noch gut an genau diese Situation bei Oma und Opa.

Als die erste Tür aufging, hatte ich schon von dem Skript, das ich auswendig gelernt hatte, nichts mehr im Kopf. Ich laberte einfach drauflos, improvisierte von Minute eins an und bekam eine Absage nach der anderen. Immer wenn jemand »Nein«, »Nein, danke!« oder »Wir kaufen nix« sagte, nahm ich in Gedanken die nächste

Treppenstufe. Jedes »Nein« bringt dich etwas mehr zum nächsten »Ja«. So hatten wir das gelernt, und so war es auch.

Ein jüngerer Familienvater ließ mich rein. In der Wohnung fiel mir sofort auf: mechanische Tastatur, beleuchteter PC, das Headset lag auf dem Schreibtisch. Der Mann war Gamer. Ich fragte ihn, was er spielte, und er erzählte mir, dass er das gleiche Rollenspiel spielte, das auch ich früher gespielt hatte. Wir verstanden uns sofort gut und wechselten auf die Du-Ebene. Er sollte mein erster Kunde werden, mein allererster Verkauf. Als er unterschrieb, fühlte sich das an, als hätte ich gerade eine Traumvilla für 20 Millionen Euro verkauft, und der neue Besitzer würde gerade den Kaufvertrag ausfüllen. Aber es waren de facto bloß 50 Euro, die ich in den letzten vier Stunden verdient hatte. Das war weniger, als Antje mit Kellnern verdiente oder Pascal mit dem Kistenschleppen bei Ikea. Aber es war real! Es motivierte mich extrem. Ich rief sofort Jona an und erzählte ihm davon, und er freute sich mit mir. Immerhin gingen 25 Euro davon auch an ihn, wir hatten nämlich vorher festgelegt, dass wir unsere Gewinne teilen würden. So konnte sich jeder auch für die Erfolge des anderen freuen und wurde dafür sogar mitbezahlt. Auf der anderen Seite pushte einen das natürlich auch, weil man für das »Unternehmen« nicht weniger Geld einspielen wollte als der andere. Wir machten eine Challenge daraus, wer mehr Kundenverträge pro Tag abschloss. Der Verlierer musste zum Essen einladen.

ENTSCHEIDEND
IST DER ERSTE EURO

Gerade zu Beginn der Selbstständigkeit geht es nicht primär ums Geldverdienen. Es geht vielmehr um deinen allerersten Euro: Er zeigt dir, dass es möglich ist. Dass es real ist, mit deiner Idee Geld zu verdienen. Das bedeutet, deine Zeit ist sinnvoll investiert. Fokussiere dich auf diesen ersten Schritt, er wird dein Mindset positiv verändern. Die nächsten Schritte fallen dir dann leichter.

Als wir abends zu Hause saßen, hatten wir drei Verträge gemacht und reichten sie beim Stromanbieter ein. Das war ein Tagesverdienst von 150 Euro. Wir fühlten uns wie die Könige, mit dem ersten Sale am Morgen war das Eis gebrochen. Witzigerweise stornierte der erste Kunde einige Tage später, und wir bekamen seine Provision nie ausgezahlt. Trotzdem war es ein Gamechanger. Das zeigte uns, dass Verkaufen möglich war. Häufig ist es nur der Zweifel, der dich zurückhält und tief in dir verwurzelt ist.

Wenn man etwas startet, benötigt man eine gewisse Vorbereitung. Es ist auch wichtig, die Theorie zu kennen, aber Praxis und Theorie sollten in einem gesunden Verhältnis von 80:20 zueinander stehen. 80 Prozent der Zeit sollte man auf dem Feld stehen und direkt eigene Erfahrungen sammeln und 20 Prozent sollte man damit verbringen, sich hinzusetzen und zu evaluieren, was man noch verbessern könnte, sich neue Ziele zu setzen, zu reflektieren und zu planen.

DAS 80:20 PRINZIP

Das Pareto-Prinzip sagt, dass 80 Prozent der Ergebnisse mit 20 Prozent des Gesamtaufwands erreicht werden können und die restlichen 20 Prozent der Ergebnisse mit 80 Prozent die meiste Arbeit benötigen. Es ist das Prinzip gegen den Perfektionismus hin zu mehr Effizienz: Wenn du Aufgaben abgibst, merke, niemand wird es so gut machen wie du selbst. Akzeptiere frühzeitig, das zu akzeptieren und dich auch mit 80 Prozent zufrieden zu geben. Es ist wichtig, dass du immer in deine Kern-Expertise 100 Prozent investierst. Dafür stehst du und willst auch so wahrgenommen werden von deinem Umfeld und deiner Zielgruppe.

Ist dieses Verhältnis gestört oder beinhaltet es möglicherweise gar keine Praxis, können fest verankerte Glaubenssätze schuld daran sein: kleine Lebensregeln, die wir für wahr halten aufgrund der Erfahrung, die wir in der Kindheit gemacht haben. Ein typischer Glaubenssatz ist: »Ich bin nicht gut genug, um dies oder jenes zu erreichen.« Er entsteht, wenn in der Vergangenheit Leute im eigenen Umkreis einen für nicht fähig hielten. Je häufiger man das hörte, desto stärker wurde der Satz verinnerlicht, desto mehr glaubte man irgendwann auch selbst daran. In mir steckten so viele Glaubenssätze, dass ich alleine darüber ein ganzes Buch schreiben könnte.

Was mir aber half, sie hinter mir zu lassen, war der Druck im Nacken, dass ich ansonsten Lehrer werden oder mit Ende 20 bei meinen Eltern wieder ins Kinderzimmer einziehen müsste.

Ich war schon immer ein Typ, der genau diesen Druck brauchte: Ich lernte für Klausuren am Abend zuvor, schrieb meine Bachelorarbeit an einem einzigen Wochenende und schaffte die Abgabe am Sonntagabend nicht, weil ich die Nachtschicht auf Montag noch brauchte. Morgens um 5:00 Uhr schlich ich mich zur Uni, klopfte und ließ mir von der Putzfrau die Tür öffnen, um eine ausgedruckte Version in den Schlitz des Prüfungsamts zu legen. Dann wartete ich darauf, dass die Druckereien aufmachten, und legte um 9:00 Uhr die fertige Version darauf und schrieb eine E-Mail, dass ich versehentlich das unfertige Manuskript mit eingeworfen hätte.

Wenn du auch zu dieser Kategorie Mensch gehörst, dann bau dir neben einem Vision-Board (auf dem dein SELFMADE LIFE, so wie du es dir vorstellst, auch als Ziel definiert steht) ein Nightmare-Board: Kleb dir Visionen auf, die eintreffen werden, wenn du es nicht schaffst, endlich zu beginnen. Ich klebte ein altes Bild von mir darauf, blass und pummelig am PC sitzend in meinem Kinderzimmer in Delmenhorst, und daneben ein Foto eines Einfamilienhauses, das mir meine Mutter immer wieder schmackhaft zu machen versuchte, neben Bilder von Los Angeles und Dubai, die durchgestrichen waren. Meine Vision sah ganz anders aus als ein Einfamilienhaus: ein Loft in der Innenstadt, mitten im Geschehen. Genau so, wie ich heute lebe.

Es dauerte nicht lange, bis wir merkten, dass nicht nur der Weg selbst schon steinig genug war, sondern wir einige Monate brauchten, um konstant 400 Euro pro Monat zu verdienen. Doch noch schwieriger waren unsere Kommilitonen. Als sie mitbekamen, dass wir an der Haustür Stromverträge verkauften, klopften sie dumme Sprüche: »Schaut mal, da sind die Versicherungsvertreter« oder »Nein danke, Torben, ich kaufe nichts von dir«, obwohl ich es nicht ein einziges Mal versucht hatte. Anfangs wollte ich reden, diskutieren, aber alle machten sofort dicht. Sie verstanden es nicht. In der Mensa saß keiner mehr an unserem Tisch, und die Blicke sprachen Bände, als wären wir Straftäter, die ein Kind vergewaltigt hatten.

Jona kommentierte es nie, und wenn ich mit ihm darüber sprechen wollte, winkte er ab. Er kam damit nicht gut klar und wollte sich am liebsten die Ohren zuhalten. Am Wochenende fuhr er immer nach Hause, denn in seiner Heimat hatte er seine Freundin aus der Schule, mit der er seine Zeit verbrachte.

Irgendwann schrieb er mir an einem Sonntag, dass wir Montagmorgen mal reden müssten. Ich ahnte es sofort: Er stieg aus, weil er es »nicht mehr so fühlen« würde. Es war gelogen, aber er wollte auch nicht mehr darüber sprechen, und unser Kontakt brach ab.

Ich war wieder alleine, und meine Trauer darüber wandelte sich allmählich in Wut. Ich verstand einfach nicht, wieso keiner von den Leuten an unserer Uni sich etwas Eigenes aufbauen wollte, schlimmer noch: Wieso verurteilten sie mich dafür und machten sich sogar lustig darüber? Jona war auch eine Pussy für mich, weil er den Druck nicht aushielt und einfach ausstieg.

Das war keine Option für mich, und ich beschloss, alleine weiterzumachen und mir auch erst einmal niemanden mehr ins Boot zu holen. Dann würde ich auch nicht mehr enttäuscht werden. Dass jetzt allerdings meine Talfahrt erst beginnen sollte, wusste ich zu dem Zeitpunkt nicht. Unternehmertum ist immer eine emotionale Achterbahn. In Momenten, in denen es gut läuft, man Aufträge generiert und Umsatz macht, fühlt es sich extrem gut an. Das eigene Business hat den Vorteil, unabhängig zu sein und viele Freiheiten zu haben, doch es gibt Momente, in denen einem die Decke auf den Kopf fällt, weil es nicht weitergeht und Existenzängste aufkommen.

Dass man keinen Chef hat und kein fixes Einkommen, ist nicht automatisch etwas Gutes. Es braucht Disziplin, um auch wirklich produktiv zu sein, weil man eben keine Zeiten vorgegeben bekommt. Dass einem niemand sagt, was man zu tun hat, kann auch negativ sein. Zum Beispiel, wenn man nicht weiß, was man als Nächstes tun sollte. Hätten Jona und ich in der Anfangszeit jemanden gehabt, der uns gesagt hätte, was wir als Nächstes machen sollten, hätten wir keine drei Monate damit verschwendet, eine Website zu bauen und Fotoshootings zu organisieren.

Ein immer gleiches Gehalt bedeutet, man kann seine Ausgaben daran anpassen. Auch wenn man mal mehr motiviert ist oder einen schlechten Tag hat, bleibt das Gehalt gleich. Bei mir kam nicht ein Cent aufs Konto, wenn ich nichts verkaufte. Es interessierte niemanden, ob ich krank war oder es mir nicht so gut ging. Aus heutiger Sicht würde ich sagen, dass 80 Prozent der Leute, die sich selbstständig machen wollen, lieber nebenberuflich etwas aufbauen sollten, als ihren Hauptjob zu ersetzen. Ein eigenes Business zu haben, ist besonders die ersten Jahre wie ein Baby. Man muss es pflegen und sehr viel Zeit investieren, Fähigkeiten müssen gelernt werden und nachts wird es einen wachhalten.

In Deutschland scheitert ein Großteil der Neugründungen genau daran. Die Leute haben eine fixe Idee, aber keine Ahnung davon, dass die Umsetzung mal mindestens drei bis fünf Jahre Verzicht bedeutet, in denen man kein »High Life« hat und auch kein typisches Studentenleben mit dreimal die Woche Partys und Frauen. Denn dann schafft man so wie ich in den ersten Jahren gar nichts. Der Konkurrenzkampf ist groß, und die Vorstellung, dass immer irgendeiner deiner Gegenspieler gerade wach ist und produktiv arbeitet, kann dich extrem stressen. Es kann dich davon abhalten, überhaupt mal einen freien Kopf zu bekommen oder dich zu entspannen. Gefühlt habe ich die ersten Jahre in meiner Selbstständigkeit unter Dauerstrom gestanden.

Trotzdem beschloss ich, es durchzuziehen, weil ich keine Alternative sah. Mein Nightmare- und mein Vision-Board erweiterte ich ständig, und immer wenn etwas nicht funktionierte, schaute ich darauf. Es gab gar kein Zurück. Ich würde sonst so enden wie viele mit 45 Jahren, wenn sie zurückblicken und merken, dass sie weder die richtige Frau an ihrer Seite noch den richtigen Berufsweg gewählt haben.

Menschen, die unter 25 Jahre alt sind, verändern sich noch leichter. Alles ist noch nicht so festgefahren. Interessen, Routinen und Rituale sind noch im ständigen Wandel. Man hat nur eine Tendenz, wo es sich hinentwickelt. Danach wird es schwieriger. Oft benötigt man starke Angst oder ein Trauma, um das eigene Leben um 180 Grad zu ändern.

Nach dem Tod einer nahestehenden Person beispielsweise, wenn das Gleichgewicht zu kippen beginnt, überdenkt man Altes und Bewährtes. Lebe ich eigentlich das Leben, das ich immer wollte? Müsste ich nicht jeden Tag in vollen Zügen genießen, weil es jederzeit vorbei sein kann? Aber man kann ja schlecht auf den Tod anderer hoffen, damit man das erkennt, deshalb ist es manchmal ganz gut, wenn man jemanden hat, der einem die Augen öffnet. Oder wenn man die Erkenntnis beim Lesen bekommt:

MACHST DU WIRKLICH ALLES AUS TIEFSTER ÜBERZEUGUNG, UND ERFÜLLT ES DICH, ODER IST ES EINFACH NUR EINE LIEBGEWONNENE GEWOHNHEIT, DIE KOMFORTABLER IST ALS DIE WAHRHEIT?

Ich kenne viele, die im fortgeschrittenen Alter merken, dass sie den falschen Weg eingeschlagen haben, die aber nicht mehr einfach so umkehren können, weil sie Frau, Kind und ein Haus haben und damit auch Verantwortung.

Andere sind dem Kompass der Gesellschaft gefolgt. Doch er kennt nicht deine Talente, weiß nicht, was dir liegt und was nicht. Er will dich immer in die Richtung bringen, in die die Masse läuft: Schule, Studium oder Ausbildung, fester Job und Rentenversicherung, 65 Jahre plus. Dafür gilt: »Mach die Arbeit und melde dich nicht, sonst erhöhen wir deine Beiträge.«

Aber nur so kann unser System funktionieren. Wenn es zu viele Ausbrecher gibt, dann zerstört das die bestehende Infrastruktur. Also musst du die Kompassnadel selbst in eine andere Richtung drehen, und das ist nicht so leicht: Jeder in deinem Umfeld, der dem Kompass folgt, sieht das und verurteilt dich dafür: Wieso solltest denn ausgerechnet du nicht mitkommen? Und in welche Richtung drehst du die Nadel? Um dich herum ist ein dichter Nebel, der sich nicht zu lichten scheint. Was glaubst du, wie viele Leute nach Süden laufen, obwohl nur einige Meter entfernt im Norden ihr Ziel liegt? Und wenn sie dann doch noch ankommen, dann oftmals in hohem Alter, weil sie 30 bis 40 Jahre in die falsche Richtung gelaufen sind.

Für eine Gruppe von Menschen, mit denen du groß geworden bist, wie beispielsweise deine Großeltern, Eltern, Freunde oder Klassenkameraden, ist es viel leichter, dich zurückzuholen, anstatt ihre eigene Kompassnadel verändern zu müssen und einen Weg einzuschlagen, der nicht vorgegeben ist. Die meisten, die versuchen dir etwas auszureden, wollen einfach einem gewohnten Pfad folgen, weil es leichter ist als davon abzuweichen. Unser Körper versucht immer mit dem geringsten Widerstand und ohne hohen Energieaufwand durchs Leben zu kommen.

Die meisten denken, dass man einem Ausbrecher helfen muss zurückzufinden, denn nur der gepflasterte Weg mit all den Schildern, Raststätten und Haltemöglichkeiten ist sicher, alles außerhalb davon bedeutet Gefahr. Die meisten sind nicht toxisch dir gegenüber, sondern haben das Gefühl, dir helfen zu müssen, wieder auf den richtigen Pfad zu finden.

Ich war mir sicher, dass ich nicht zurückwollte, aber natürlich erreichten die negativen Erfahrungen mein Unterbewusstsein. Jona war ausgestiegen, und ich stand diesmal wirklich allein da, weil selbst meine Unikollegen, die ich in den letzten Jahren über Basketball und Partys für mich gewinnen konnte, sich abgewendet hatten. Ich würde Ende des Jahres 26 werden, und irgendwie nähert man sich da schon der 30, ob man will oder nicht. Mittlerweile hatte ich ein Gefühl dafür, dass nichts über Nacht passiert, und die Vorstellung, mit 30 Jahren immer noch herumzuirren, war nicht komplett aus der Luft gegriffen. Das war eine Scheißsituation, aber die Wende ließ auf sich warten.

Ich versuchte, mich zu fokussieren, und ging wieder Klinkenputzen, verkaufte meine Verträge und kam bis zum Sommer auf meine 500 Euro pro Monat, die mir halfen, über die Runden zu kommen, bis irgendwann die Überweisung einfach ausblieb. Der Anbieter war pleitegegangen, und meine offenen Forderungen würden nie mehr beglichen werden. Eine Woche später erhielt ich einen Brief, in dem mir die Insolvenz mitgeteilt wurde. Damit hatte ich nicht gerechnet. Ich erinnere mich noch heute gut daran, als ich an einem ziemlich kalten Herbsttag in meiner Wohnung stand und den Brief langsam in den Mülleimer gleiten ließ. Ich hatte Gänsehaut, und mir war heiß und kalt zugleich. Mein Glück war, dass es keine anderen Optionen mehr gab, sonst wäre ich vielleicht sogar rückfällig geworden, wäre zurück zu den anderen gegangen, aber ich hatte auf WhatsApp schon kaum noch angezeigte Profilbilder zu dem Zeitpunkt.

Ich erinnerte mich an den Abend zurück, an dem ich das erste Mal über Basketball recherchiert, mir die Klamotten bestellt und die Regeln studiert hatte. Das müsste doch auch für ein eigenes Business möglich sein, sonst würden alle anderen recht behalten, und ich könnte mich von meinem Vision-Board verabschieden. Ich fand ein Geschäftsmodell, das fertige Produkte eines Unternehmens vertrieb und bei dem man zugleich ein eigenes Team von Verkäufern aufbaute, die das Gleiche machten. An deren Provisionen war man dann ebenfalls beteiligt: Strukturvertrieb oder auch Network Marketing wurde das genannt. Das klang im ersten Moment ziemlich gut für mich. Ich erinnerte mich daran, dass Jona mich am Anfang öfters darauf angesprochen hatte. Seine Eltern hatten diese Produkte im Gesundheitszentrum verkauft. Ich würde mich dann definitiv auf den Verkauf von Produkten beschränken, weil ich niemanden wusste, der das ebenfalls machen wollen würde. Nur wie und vor allem wo verkaufte man sie?

Ich bestellte mir von verschiedenen Unternehmen die Produkte nach Hause, um auszuloten, welche mir am besten gefielen: Supplements, Proteinpulver, ein Halsspray und Öle, die man in Wasser geben und über Nacht einatmen sollte. Ich bestellte einfach alles, was ich so finden konnte. Ich kaufte überall das kleinste Paket, dessen Preise jeweils zwischen 150 bis 200 Euro lagen. Ich finanzierte das mithilfe meiner letzten Stromprovisionen. ALL IN.

Das Gute war, dass man einen eigenen Onlineshop bekam, dessen Link man versenden konnte. Die Provision wurden direkt aufs Konto gebucht, wenn jemand kaufte. Ich musste also einen Weg finden, viele Leute, die sich für die Produkte interessierten, auf meinen Shop zu lenken, und das ganz ohne an ihrer Haustür zu klingeln.

Ich suchte auf YouTube Videos von Leuten, die schon im Network Marketing aktiv waren, um zu erfahren, wie sie dabei konkret vorgingen. Doch ich fand im deutschsprachigen Raum absolut gar nichts. Kein einziges Video. Das konnte unmöglich sein, laut Berichten gab es Millionen von Networkern hier. Selbst meine Mutter hatte mal auf Provisionsbasis irgendwelche Küchengeräte an ihre

Freundin vertrieben. Das war doch genau so etwas. Ich wartete die Lieferungen ab. Die Öle bereiteten mir Kopfschmerzen, die warf ich sofort in den Müll. Der Shake schmeckte widerlich. Das Halsspray fand ich ganz cool – aber ganz ehrlich, wie sollte ich denn in großen Mengen Halsspray verkaufen? Es hatte doch nicht jeder so wie ich ständig Halsschmerzen. Blieben also

Supplements übrig. Sie sollten alle wichtigen Vitamine abdecken. Ich nahm sie von nun an täglich. So ein kleiner Shot jeden Morgen, das konnte auf jeden Fall nicht schaden. Es gab ja viele Leute, die sich immer gesünder ernähren wollten. Das machte für mich am meisten Sinn, blieb aber noch die Frage, wie ich es anstellen sollte.

Ich kaufte mir englischsprachige Literatur und begann zu lesen. Mein Englisch war immer schon recht gut gewesen. Bereits im Alter von 13 Jahren hatte ich angefangen, mit Leuten beim Computerspielen auf Englisch zu kommunizieren. Zu dem einen Buch gab es Online-Trainings mit dem Autor, der in Las Vegas lebte. Ich nahm mitten in der Nacht daran teil, immer von 2:00 bis 5:00 Uhr morgens, und übersetzte es ins Deutsche. Bei einigen Punkten fiel mir sofort auf, dass das hier nicht so funktionieren würde. Die deutsche Mentalität ist ja eine ganz andere, deshalb änderte ich die Passagen und kreierte so meine eigene Strategie, mit der ich irgendwann zufrieden war. Ich wollte auf Veranstaltungen von Meetup.com neue Leute kennenlernen, die offener waren als mein alter Zirkel, vielleicht auch mal beim BNI Business Frühstück vorbeischauen, das gab es auch in Oldenburg. Ich konnte mir auch vorstellen, dass ich bei Toastmasters (Public Speaking) den einen oder anderen treffen würde, der die Shots mal probieren würde. Ich konnte mich ja direkt als Vertriebler dieser Shots vorstellen, dann wüssten alle Bescheid und würden auf mich zukommen.

Rückblickend muss ich sagen, dass diese Pionierstimmung damals schon etwas Einzigartiges hatte. Dieses Gefühl, wenn du allein zu Hause sitzt und recherchierst, Strategien entwickelst und anfängst, ohne dass es jemand mitbekommt – es hat etwas Magisches. Du hast vor dir das Problem, das du alleine lösen willst. Früher machte ich vieles für andere und nicht für mich selbst: gute Noten in der Schule für die Eltern geschrieben, mich in der Uni eingeschrieben, um vor den anderen intelligent auszusehen, mich für eine Party gestylt, um anderen zu gefallen. Das hier jetzt war nur für mich. Hätten die anderen gewusst, dass ich jetzt Network Marketing machte, wäre niemand stolz gewesen, selbst meine Eltern nicht, das war mir sofort klar. Es war einfach nur meins, und ich war stolz darauf. Das reichte mir.

Nebenher studierte ich weiter, machte immer so die Hälfte der Kreditpunkte, die man eigentlich pro Semester schaffen sollte, und belegte nur die Kurse, die mir Spaß machten: Photoshop, Fotografie, Videoschnitt. Dadurch lernte ich Dinge, die ich auch für meine Selbstständigkeit nutzen konnte. Im Videokurs sollten wir einen Herbstfilm produzieren, und ich rannte mit einer Canon EOS 600D auf dem Hof herum und filmte Blätter. Als Antje um die Ecke kam, schwenke ich die Kamera auf sie, und wir alberten herum. Ich stellte die Canon auf Foto und Porträt und hielt sie so hoch, dass ich ein Selfie von uns machen konnte, Antje schmunzelte. Vor zwei Jahren hatten wir mal was miteinander gehabt, und ich glaubte, sie fand mich immer noch ganz gut. Ich hatte aber gerade gar keinen Nerv für Mädels, kam mir richtig asexuell vor in dem Moment, mit meinem Fokus vor Augen und der Angst im Nacken. Die Leute aus Kunst bekamen auch von der ganzen Business-Geschichte nichts mit. Die hatten alle einen Öko-Touch. Die meisten malten oder bildhauerten, auch privat, und lebten zwischen Kaffee, Wein und Pinseln.

Antje nahm ihre eigene Kamera und ging weiter, während ich mir das Bild noch anschaute, als mir plötzlich ein Gedanke kam: Wieso startete ich eigentlich keinen YouTube-Kanal? Immerhin gab es keine Videos über Network Marketing. Ich könnte meine eigene Reise dokumentieren und so die ersten Videos zu dem Thema in ganz Deutschland erstellen. Ich lieh mir die Kamera, baute sie zu Hause auf ein Stativ, stellte es auf mein Bett und mich davor in mein 30-Quadratmeter-Appartement. Ohne zu überlegen, redete ich einfach los. Ich wusste ja, dass ich es nicht hochladen musste, wenn es blöd wurde.

»HEY LEUTE, WAS GEHT AB? MEIN NAME IST **TORBEN PLATZER**, UND ICH STARTE HEUTE MEIN **NETWORK MARKETING BUSINESS.** ICH WERDE EUCH AUF DIESEM KANAL ZEIGEN, WIE DAS GEHT. **EGAL** OB ICH SCHEITERE ODER MIR AM ENDE DIE WELT GEHÖRT.«

Ich lachte, als ich es mir auf dem PC anschaute, und hatte damals keine Ahnung, dass dieses Video alles verändern würde.

Die Idee, Videos hochzuladen, war kein geplanter Schritt. Es war eine fixe Idee, als ich die Kamera sah und darüber nachdachte, wieso es zu dem Thema keinen Kanal gab. Ich hatte vorher nie Berührungspunkte mit Social Media gehabt. Ich war lediglich auf Facebook angemeldet, weil Janine mich damals dazu gezwungen hatte, damit wir kommunizieren konnten, als sie ihr Auslandsjahr machte. Auf meiner Facebook-Pinnwand waren nur ihre Posts, in denen sie mich verlinkt hatte, und kein einziger von mir. Da standen nur haufenweise peinliche Liebesschwüre und Kosenamen, die ich nie gelöscht hatte, in der Hoffnung, dass sich keiner die Mühe machte, je nach unten zu scrollen.

Ich erstellte einen eigenen Kanal, baute ein Vorschaubild in Photoshop und lud das ganze hoch. Ich veröffentlichte meinen allerersten Facebook-Post und teilte das Video auch dort. Es bekam auf Facebook keinen einzigen Like. Auf YouTube standen nach einigen Tagen acht Views. Ich saß vor dem Computer und fragte mich, wer diese acht Leute wohl waren, dachte, es gäbe vielleicht eine Funktion, um zu sehen, wer sich das Video angeschaut hatte, aber leider Fehlanzeige.

Als ich zurück auf die Seite ging, standen da plötzlich neun Views. Ich hatte schon so eine Vorahnung, drückte die F5-Taste, und es bestätigte sich: Nun standen da zehn Views. Wahrscheinlich hatte ich das Video einfach selbst ein paarmal angeklickt, und es hatte einfach niemand bisher gesehen. Ich musste selbst lachen und dachte nicht weiter darüber nach.

Trotzdem beschloss ich, weitere Videos zu drehen. Ich würde das hier einfach für mich selbst dokumentieren. Sollte ich irgendwann den Durchbruch schaffen, dann hätte ich zumindest den Kanal und könnte den Link mal an ein paar der Hater aus der Uni schicken. Sie könnten sehen, dass ich bei null angefangen und mir alles alleine aufgebaut hatte. Außerdem fiel es mir viel leichter, in eine Linse zu schauen als in die Augen anderer, und so übte ich zeitgleich freies Sprechen – immer im Hinterkopf, dass ich das Video ja nicht hochladen musste, falls es mir nicht gefallen sollte.

Zusätzlich begann ich wieder laufen zu gehen, die Bahnen im Stadion wie schon zu meinen Basketballzeiten, denn ich wollte fit werden. Wenn ich Vitamin Supplements verkaufte, dann sollte ich selbst ja nicht träge sein. Ich wollte dem Ergebnis ein bisschen auf die Sprünge helfen und meinen Lebensstil ab sofort wieder gesünder gestalten.

Was nun den Business-Part anging, wusste ich allerdings immer noch nicht genau, wie ich es starten sollte: Die ersten Meet-ups und auch das Business Frühstück, an dem ich teilnahm, hatten keine Kunden gebracht. Mich hatte trotz meiner intensiven Vorstellung auch keiner danach gefragt, und die direkte Ansprache lag mir einfach nicht. Ich nahm weiterhin nachts an den Coachings des Typen aus Las Vegas teil. Er sprach davon, sich am Anfang eine Liste von 20 potenziellen Kunden und Partnern zu machen, die man dann auf ein Event einladen sollte, um sie so auf die Produkte und Business-Möglichkeiten aufmerksam zu machen. Auf meiner Liste stand kein einziger.

Ich saß in meinem Zimmer mit den Produkten und dachte nach. Irgendwann schaltete ich die Kamera ein und fing an, mit dieser zu reden. Ich erzählte, dass ich nicht wüsste, wie die ersten Schritte aussehen würden und dass ich dieses und jenes schon probiert hätte. Es war wie ein Gespräch mit einem guten Freund, den ich aber nicht hatte. Irgendwie half mir das extrem. Ich steigerte mich richtig rein. Es machte mir Mut, jemandem meine Ideen vorzutragen und einfach mal rumzuspinnen. Was wäre, wenn ich ein Event in der Uni hostete und draußen ein großes Schild platzierte: »Gesundheitsvortrag«? Was sollte passieren? Vielleicht interessierten sich ja ein paar für meine Produkte. Wieso nicht Jona nochmal anschreiben und fragen, ob er da mitmachen wollte? Immerhin machten das seine Eltern doch auch. Das Video war 40 Minuten lang. Ich zog es auf meinen Rechner und schüttelte schmunzelnd den Kopf, während ich es mir ansah. »Ich bin verrückt«, sagte ich zu mir selbst. »Aber was solls? Zu verlieren habe ich nichts.«

Dieser Seelenstriptease hatte bei mir einen Knoten gelöst. Ich hatte mich freigesprochen, obwohl niemand da war, der mir Feedback gab. Plötzlich setzte ich meine Pläne um. Ich buchte für 90 Euro einen Raum in der Uni, besorgte ein riesiges Holzschild, druckte Flyer aus, warf sie in die Briefkästen und klebte sie ans schwarze Brett. Ich erstellte eine Präsentation und stand eine Stunde vorher im Raum, um alles vorzubereiten. Niemand kam. Um 20:15 Uhr schaute ich nach draußen und sah dort einige Kommilitonen stehen, die mich verdutzt anstarrten, andere tuschelten und ein paar lachten. Ich ging wieder in den Raum, packte meine Sachen und ging nach draußen. Ich sah jeden einzelnen ihrer Blicke, jeden einzelnen Mundwinkel, der sich nach oben zog, jeden Finger, der auf mich zeigte.

Zu Hause nahm ich das Video auf, erzählte von meiner Erfahrung und lud es sofort hoch. Dann verpackte ich Broschüren, die ich an größere Firmen, Sportverbände und Fitnesstrainer verschicken wollte. Die müssten doch die perfekte Zielgruppe für meine Produkte sein. Ich lag um 2:30 Uhr im Bett, stellte meinen Wecker auf

5:30 Uhr und ging zum BNI Business Frühstück. Dort stellte sich heute eine neue Teilnehmerin vor, und ich ergriff die Chance, ins Gespräch zu kommen, in dem ich ihr einige Fragen beantwortete, wie das hier so ablief. Am Ende kam dann endlich die Frage, auf die ich gewartet hatte: »Und was machst du beruflich?« Alle waren interessiert und schauten sich die Broschüre an. Am nächsten Morgen bekam ich eine E-Mail von einer Fitnesstrainerin, die meine Unterlagen bekommen hatte. Sie schlug ein Treffen in einem Café vor, um darüber zu sprechen. Jona schrieb mir ebenfalls eine SMS, dass er gern die Produkte mal bestellen würde, wenn er mir damit helfen konnte. Ich glaube, er hatte auch ein schlechtes Gewissen, weil er mich so hängen gelassen hatte, und hatte von dem Fauxpas in der Uni gehört.

Ich legte mir einen Wochenplan an und begann, dort Meetings einzutragen, verschickte neue Broschüren, telefonierte und traf die ersten Menschen. Jona meinte, er würde noch am selben Tag bestellen, ich sollte ihm nur den Link zuschicken, was ich natürlich sofort tat, und in der gleichen Nacht war es so weit: 12,30 Euro stand da auf meiner App. Jona wurde mein erster Kunde. Ich starrte ewig auf diesen Screen und diese Zahl. In 14 Tagen würde es auf meinem Konto sein. Ich machte ein Bild davon und drehte ein Video. Am Ende der Woche hatte ich einen vollen Plan, dabei kannte ich niemanden dieser Menschen wirklich. Das war schon ein bisschen verrückt.

Das Ganze lief für ein halbes Jahr so weiter. Ich kam auf meine ersten nennenswerten Provisionen, rechnete mir schon aus, wie es jetzt bei einem exponentiellen Wachstum weitergehen würde, und dass ich pünktlich zu meinem Master nächstes Semester eine wöchentliche Auszahlung erhalten müsste, mit der ich mein Leben finanzieren konnte. Ich erzählte auch auf YouTube davon, der Kanal bekam jedoch weiterhin keine Aufrufe. Er war zu einem öffentlichen Tagebuch geworden. Irgendwie hätte ich es fast komisch gefunden, wenn es jemand tatsächlich gesehen hätte. Doch das wäre ein bisschen zu leicht gewesen. Deshalb passierte, was passieren musste:

Ich hatte mittlerweile einen geregelten Biorhythmus, da viele Meetings schon vor der Arbeitszeit stattfanden. Nicht selten saß ich um 7:30 Uhr bei einem Arzt, um ihm die Supplements zu zeigen, oder bei einem Physiotherapeuten, der sich damit nebenbei ein bisschen was dazuverdienen wollte. Doch ein folgenschwerer Morgen sollte anders verlaufen. Als ich um kurz vor 7:00 Uhr auf meinen Onlineshop ging, konnte dieser nicht aufgerufen werden. Auch die Hauptseite des Unternehmens aus Utah schien offline zu sein, und ein Blick unter die Google News offenbarte dann, dass die Firma pleite war. Sie hatten in den USA Insolvenz angemeldet. Ich saß wie versteinert am Rechner und konnte mich nicht bewegen. Mir wurde wieder ganz heiß, und in meinem Kopf schossen alle möglichen Gedanken durcheinander. Das konnte doch alles nicht wahr sein. Es war mein zweiter Vertriebsversuch, der scheiterte. Ich musste die Kamera anmachen, brauchte jetzt einfach jemanden, der mir zuhörte. Als Titel wählte ich »Firma XXX ist pleite! Meine Gedanken« und stellte es sofort online, dann legte ich mich aufs Bett und schloss die Augen.

Sie sollten alle recht behalten. Es funktionierte nicht. Ich würde Pädagogik nachholen müssen, sonst könnte ich nach der Masterarbeit nicht ins Referendariat gehen. Ich hatte doch nur noch die Kurse belegt, auf die ich Lust gehabt hatte. Ich würde morgen früh zum Prüfungsamt gehen und dort nachfragen, dann machte ich die halt nächstes Semester noch. Vielleicht machte es Sinn, einigen zu schreiben, dass sie recht hatten. Natürlich wäre das peinlich, aber besser sie lachten mich noch einmal aus dafür und stempelten es als »dumm« ab, statt gar nicht mehr mit mir zu reden. Ich hätte sonst niemanden mehr. Keine Ahnung, was die Kunden von mir sagen würden. Die fühlten sich doch sicherlich auch verarscht. Sie hatten für Produkte bezahlt, und am Ende bekamen sie diese jetzt nicht einmal. Auch vor Jona war mir das peinlich. Ich würde es vielleicht meinen Eltern beichten und sie fragen, ob sie mir das Geld leihen könnten, dann würde ich das Geld für die nicht gelieferten Supplements einfach zurückzahlen. Ich wusste genau, wie meine Mutter schauen würde. Ihre Pupillen würden wieder groß werden, und Papa würde dann einfach in Kaminzimmer gehen, weil es ihm leidtäte und er nicht mit anhören wollte, wie sie mich zur Sau machte.

Es war so real. Ich sah ihre Blicke, hörte ihre Antworten, fühlte ihre Reaktionen und meinen Schmerz. Ich war einfach zu langsam. Ich wusste seit Beginn des Studiums, dass ich diesen Weg nicht gehen wollte, hatte jedoch immer die Hoffnung gehabt, dass mir irgendwann die zündende Idee kommen würde, dass ich irgendwann mit etwas Eigenem starten würde, aber irgendwie passierte es nicht. Ich kam einfach viel zu spät ins Handeln, und es hatte wohl schon einen Grund, wieso so wenige etwas Eigenes machten. Und von meinen Mitschülern damals war ich wohl der, von dem man das auch am wenigsten erwartet hätte. Natürlich, ich war einfach nicht gut genug.

Ich überlegte, was ich nun als Erstes tun sollte: den Kunden Bescheid geben, meine Mutter anrufen oder erst einmal versuchen mich bei Jona zu entschuldigen. Doch mir gelang es nicht, mich darauf zu fokussieren. Immer wieder dachte ich daran, wie es wohl werden würde, mich an einer Schule zu bewerben, und dass ich aus Oldenburg wegziehen müsste in ein kleines Dorf, weil meine Noten nicht ausreichen würden für das Referendariat in Niedersachsen. Vielleicht würde ich auch gar nicht genommen mit meiner Kombination. Seit letztem Semester war ich offiziell Langzeitstudent, das wurde natürlich nicht gern gesehen. »Er brauchte länger und ist auch nicht so gut.« Natürlich würden die, die besser waren, bevorzugt werden. Die hatten das ja auch einfach durchgezogen, ohne Flausen im Kopf, ohne Urlaubssemester, ohne Geld zu verbrennen. Mir liefen die Tränen herunter, es schmeckte salzig, und ich drücke mein Gesicht tief ins Kopfkissen, sodass ich kaum noch atmen konnte.

»HERR PLATZER, WIR KÖNNEN IHREN **AUFTRAG** LEIDER NICHT BEARBEITEN UND MÜSSEN IHNEN MITTEILEN, DASS SIE **NICHT** DIE NÖTIGE QUALIFIKATION AUFWEISEN, UM AN UNSERER SCHULE EIN **REFERENDARIAT** ZU ABSOLVIEREN.«

Dieser Brief besiegelte mein Schicksal. Ich packte meine Sachen in Oldenburg. Wegen der Exmatrikulation musste ich aus dem Studentenappartement ausziehen. Geld für eine andere Wohnung hatte ich nicht. Die war schon für die Lage und Größe sehr günstig, weil hier eben nur Studenten wohnten. Ich verkaufte meine Möbel bei eBay Kleinanzeigen. Das Geld reichte gerade so, um die Reinigung und den Maler zu bezahlen, damit ich die Wohnung ordnungsgemäß übergeben konnte. Mit einem Koffer und meinem Rucksack fuhr ich im Zug nach Bremen, dann weiter nach Delmenhorst. Man konnte vom Bahnhof nach Hause laufen, es waren vielleicht 20 Minuten Fußweg. Ich rollte meinen Trolley am Wollepark vorbei. Da sollte man nicht reingehen und auch am besten nicht hinschauen, sonst konnte es passieren, dass man über die Straße hinweg angepöbelt wurde und in eine unangenehme Situation geriet. Ich hatte schon genug. Auf der anderen Seite gab es ein griechisches Restaurant, da war ich früher öfters mit meinen Eltern gewesen. Es war seit einiger Zeit schon geschlossen. Ich wusste nicht, wie spät es war, aber es würde wohl bald Abend werden. Wenn es dunkel ist, sollte man in Delmenhorst nicht auf den Straßen unterwegs sein.

Mein Vater öffnete mir die Tür (ich hatte den Schlüssel vor ein paar Jahren an Weihnachten nicht mehr mitgenommen) und begrüßte mich wortlos mit einer Umarmung, meine Mutter saß im Kaminzimmer und rauchte. Mein altes Kinderzimmer, bestehend aus Moorhuhn-Merchandise, Werner-Brösel-Bettwäsche und

Harry-Potter-Postern, war zur Abstellkammer für Sachen meiner Eltern geworden. Ein großer Karton vom Fernseher und jede Menge kleinere von Schuhen standen dort, an der Wand hing eine Mops-Uhr. Die hatte meine Mutter in einem Ein-Euro-Laden gekauft. Sie wollte sie ursprünglich verschenken, aber sie ging nicht.

Mein Bett war 140 x 70 Zentimeter groß, ein Kinderbett. Hier hatte ich einmal mit Tine, meiner damaligen Freundin, gelegen. Ich war nachts auf das Nachttischbrett gerollt, wodurch dieses abgebrochen war. In der Nacht hatten wir das erste Mal trocken Sex – Sex mit Klamotten an.

Mein Teppich war dunkelgrün mit einem Muster. An der Stelle, wo mein Schreibtischstuhl stand, war er ausgeblichen. Ich wischte den Staub vom Mauspad und fuhr den alten Rechner hoch. Er formatierte irgendwelche Dateien beim Hochfahren, wir hatten ihn zuletzt zum Hacken benutzt. Ich wusste gar nicht, ob Windows auf dem überhaupt installiert war, und bootete ihn mit der CD. Mein Dad hatte mir eine Flasche Wasser hingestellt. Ich trank einen Schluck und suchte in meinen Rucksack nach den CDs von World of Warcraft. Vielleicht war sogar ein neues Add-on erschienen, ich wusste nur nicht, wie ich es mir kaufen sollte, mein Konto war leer. Ich dachte nicht weiter darüber nach und legte CD 1 ein. Auf dem Röhrenmonitor stand: »World of Warcraft wird installiert. Bitte warten.«

Fuck! Ich kam mit meinem Kopf wieder hoch und schnappte nach Luft. Das durfte auf gar keinen Fall passieren.

Die Fähigkeit zu visualisieren ist eine der stärksten, die wir Menschen haben. Sie unterscheidet uns von den Tieren, denn wir können den Ausgang einer Situation vorhersagen, ohne selbst die Erfahrung zuvor gemacht zu haben. Wir stehen an der Ampel und wissen, dass wir nach rechts und links schauen müssen, ob ein Auto kommt. Wir müssen nicht erst von einem angefahren werden, um zu wissen, dass es einen verletzen oder gar umbringen kann.

VISUALISIEREN

Es die Fähigkeit, die uns von anderen Lebewesen unterscheidet: Nimm dir einen Moment Zeit und schließ deine Augen. Stell dir eine für dich relevante Situation vor und schalte dabei alle deine Sinne ein: Wie fühlst du dich? Was riechst du? Was spürst du? Wenn du es schaffst, mit deinen Gedanken tief in diese Situation einzutauchen, gelingt es dir, Szenarien durchzuspielen, bevor sie geschehen sind. Mit dieser Methode kannst du den Ausgang von bestimmten Situationen vorhersehen und kannst entsprechend reagieren. Sie bewahrt dich davor, Fehler zu machen, und gibt dir für andere Situationen Selbstbewusstsein und Mut.

Bis heute genieße ich nachts die Stille in meinem Loft, versuche zuerst an nichts zu denken, meinen Kopf frei von Gedanken zu bekommen, und fokussiere dann eine bestimmte Situation. Ich tauche tief in die Geschichte ein, spiele die verschiedenen Handlungen durch, erdenke mir mögliche Dialoge und fühle mich hinein. Das hat mich schon oft davor bewahrt, in bestimmten Situationen nicht im Affekt zu handeln. Denn im aktuellen Moment lässt man sich von der Emotion leiten, bei der Visualisierung kann man jederzeit einen Schritt zurückgehen und seine Entscheidung rationalisieren. Wenn man diese Fähigkeit übt, gelingt es, größere Fehler zu vermeiden und auch Abstand zu Situationen zu bekommen. Am Ende ist es das, was erfolgreiche Menschen von weniger erfolgreichen unterscheidet. Denn sie machen weniger Fehler auf dem Weg zu ihrem Ziel.

Mein Ziel war die Freiheit, einmal zum Flughafen zu gehen, auf die Tafel zu schauen und spontan irgendwo hinzufliegen, ohne nachzudenken, wie teuer der Flug ist, weil man Last-Minute am Schalter bucht, kein Hotel im Vorfeld reserviert zu haben und vor Ort einfach zu einem zu fahren, das mir gefiel, und dort so lange zu bleiben, wie ich wollte.

Mein Ziel war, mein eigenes Unternehmen zu haben, dieses zu leiten, zu führen und mich darauf zu konzentrieren, größer zu werden. Anderen Menschen eine Perspektive zu geben, ein Arbeitgeber zu sein, bei dem man gerne und das Arbeitsklima gut ist.

Mein Ziel war, nur mit Leuten zu arbeiten, mit denen ich das wollte. Keine Runden mehr zu drehen, von denen ich wünschte, sie gingen schneller vorbei. Keine Arroganz, kein Neid, einfach Menschen, die so dachten wie ich selbst. Die mehr vom Leben wollten, dafür aber auch arbeiteten und keine Lotto-Mentalität hatten.

Mein Ziel war, etwas Größeres zu hinterlassen. Nicht mit der Einstellung »Nach mir die Sintflut« zu gehen, sondern ein riesiges Schiff gebaut zu haben, um möglichst viele Menschen zu retten.

Ich hatte keine Ahnung, was das sein und wie ich das umsetzen würde, aber ich wusste sicher, dass sich niemand mehr an den Jungen erinnern würde, der aufgab.

»Hello World« (Social Media)

Ich grübelte die ganze Nacht, bis ich schließlich einschlief, und erschrak, als ich aufwachte. Ich wusste, dass ich vergessen hatte, einen Wecker zu stellen, und befürchtete, es würde schon super spät sein. Ich griff zum Handy. Ich nahm die Uhrzeit gar nicht mehr wahr, sondern blickte auf die Pop-ups. Das waren alles Nachrichten an mich. Ich brauchte einen Moment, um zu verstehen, dass es YouTube-Kommentare waren, die unter meinem Video gepostet worden waren. Ich las die Zahl 49. Das hieß, es gäbe noch unzählige weitere Nachrichten. Ich sprang aus dem Bett und an den PC.

Das konnte doch nicht sein, das Video hatte 1.500 Views, und es gab so viele Nachrichten: Menschen, die auch bei dem Unternehmen gewesen waren und ihren Unmut kundtaten, wieder andere vom Unternehmen, die mit neuen Angeboten auf mich zukamen. Es herrschte eine rege Diskussion. Ich saß da und schaute live dabei zu, wie neue Kommentare hinzukamen. Das war unglaublich. Zur gleichen Zeit saßen diese Menschen ja auch gerade vor ihrem Rechner und tippten. Es war wie ein Chat im Internet. Ich aktualisierte die Seite und sah, wie die Views minütlich stiegen, es kamen immer wieder zehn bis 20 neue dazu.

Das war der Moment, an dem ich die Power der Kommunikation auf Social Media begriff. Mein Video wurde vom Algorithmus ausgespielt und Leuten angezeigt, für die es relevant war. Ich hatte genau das richtige Timing getroffen, denn es gab noch kein Video über diesen Fall. Alle, die wie ich nach Videos suchten, um aufgeklärt zu werden, fanden mein Video und sahen, wie ich in meinem Appartement stand und darüber sprach. Sie nutzten es als Plattform, um ihre Meinungen und Gedanken zu teilen. Ich kannte niemanden von ihnen, sie kamen aus ganz Deutschland, Österreich und der Schweiz.

Bisher war Social Media ein Tagebuch für mich gewesen. Ich hatte die Videos aufgenommen, um das Thema loszulassen. Social Media war für mich vergleichbar gewesen mit einem guten Freund, bei dem ich mich ausheulen konnte und der einfach nur zuhörte. Ich hatte nicht damit gerechnet, Antworten zu bekommen. Das veränderte meine Perspektive auf das Ganze total, denn eigentlich ist es ja, als ob man fremde Menschen anspricht, nur dass man nicht hingeht und sie begrüßt, ein bisschen Smalltalk führt und dann über ein Thema redet, sondern man selbst eröffnet eine Diskussion, und sie steigen ein. Es ist wie ein Buffet, von dem man sich bedienen kann. Nur dass das Essen immer wieder nachgelegt wird. Wenn einem etwas nicht gefällt, braucht man es nicht zu nehmen. Man konsumiert nur das, worauf man Lust hat. Social Media ist eine andere, neuartige Form der Kommunikation: Man erstellt eine Visitenkarte, fügt sein Bild, seine Interessen und seine Herkunft und seinen Beruf hinzu und fängt an, Content zu posten. Das kann alles Mögliche sein, von Fitness und Kochen über Tiere und Berufsmöglichkeiten bis hin zu Genderproblemen und vielem mehr. Einfach alles, was einen beschäftigt. Dafür ist das Video lediglich öffentlich einzustellen. Es wird jedem angeboten, der es sich ansehen möchte, und lädt ein, darüber zu sprechen. Ein virtueller Austausch. Es ist allerdings nicht so anonym wie die Chats, in denen ich gewesen war. Man benutzt in der Regel seinen eigenen Namen und offenbart dadurch auch einiges von sich wie Aussehen, Stimme und oft eben auch den Wohnort.

Mich packte diese neue Sicht. Ich antwortete auf jeden einzelnen Kommentar, zeigte Interesse für die neuen Vertriebe, die sich meldeten, tauschte sogar mit einigen, die mit mir in der insolventen Firma gewesen waren, Nummern aus. Ich saß stundenlang da, bis ich mich entschied, ein weiteres Video aufzunehmen. Ich wollte die Kamera schon anmachen, als mir einfiel, dass ich vielleicht besser duschen gehen sollte. Immerhin würde dieses Video wahrscheinlich von ein paar Leute gesehen. Ich konnte nicht im zerknitterten Shirt und mit zerzausten lockigen Haaren dasitzen. Vielleicht wollte ich mit dem einen oder anderen später einmal zusammenarbeiten.

Mich motivierte das sehr. Auch die neuen Videos kamen jetzt immer auf 500 Klicks. Der Kanal bekam die ersten Abonnenten – Menschen, die sich regelmäßig meinen Content ansehen wollten. Ich machte daraus eine Routine. Jede Woche gab es zwei neue Videos auf meinem Kanal, immer donnerstags und sonntags um 18:00 Uhr – das habe ich bis heute nicht mehr verändert.

Ich sprach mit vielen Leuten aus dem Bereich Vertrieb, und einige hatten auch gute Angebote für mich und wollten, dass ich bei ihnen einstieg, aber mir war klar, dass natürlich viele die Gunst der Stunde nutzen wollten. Alle, die in meinem Unternehmen gewesen waren, brauchten ein neues Zuhause. Es war ein spannendes Zeitfenster, wie wenn sich eine Basketballmannschaft auflöst und alle versuchen, die Top Picks zu bekommen. Der Draft hatte begonnen, und ich entschied mich, die Seiten zu wechseln. Wieso sollte ich eigentlich der Spieler sein, der sich rekrutieren ließ? Ich konnte doch genauso eine eigene Mannschaft aufbauen. Immerhin war ich der Einzige, der einen Kanal gegründet hatte und darüber sprach. Und die Videos schienen Potenzial zu haben. Ich war voll im Fieber, wie damals in meiner Gamer-Zeit. Mir ließ das keine Ruhe mehr, und ich wollte herausbekommen, wie man den Code knackt und dieses Spiel gewinnt. Endlich war dieses Kampfgen wieder da, das mich packte: Das war meine Chance.

Auf Social Media war ich nicht schüchtern. Ich sprach ohne Probleme in die Kamera, ganz anders, als wenn jemand vor mir gesessen hätte. Da war ich immer nervös und brachte manchmal keinen Ton heraus. Ich mochte das Gefühl im Vertrieb nicht, anderen etwas verkaufen zu müssen. Die Blicke, während ich die Produkte vorgestellt hatte, hatten mich immer durchbohrt, als hätten die Leute nur darauf gewartet, dass ich mich verhaspelte oder einen Fehler machte. Für YouTube konnte ich das Video so oft aufnehmen, wie ich wollte. Ich hatte so viele Versuche, wie ich brauchte, um mit dem Ergebnis zufrieden zu sein.

Ich schaute mir eine Rede von Steve Jobs an, die mich stark beeindruckte. Allerdings nicht der Inhalt begeisterte mich, sondern vielmehr, wie er die Rede hielt. Er war so wortgewandt, durch die Stilmittel, die er verwendete, und seine ganze Rhetorik. Mir war sofort klar, warum Menschen ihm so gerne zuhörten und warum Apple so erfolgreiche Launches hatte. Er bereitete das gut vor, da waren keine Passagen, die spontan entstanden waren. Alles war zu 100 Prozent geplant. Im Germanistik-Studium hatten wir viel über Storytelling und den Aufbau guter Geschichten gelernt. Ich nahm mein Whiteboard und fing an zu kritzeln. Was wäre der perfekte Aufbau eines Videos? Ich wollte ein Video machen, mit dem ich Menschen für den Vertrieb gewinnen konnte. So entstand mein erstes Skript, das ich jemals geschrieben hatte.

Eine Lücke gab es jedoch noch: Welches Produkt für welchen Vertrieb würde ich vorstellen?

Es begann meine ausführliche Recherche, Fehler waren jetzt teuer. Ich schrieb mir Fragen auf, die wichtig waren, bevor ich anfing, nach passenden Antworten zu suchen, und ich erstellte eine Liste mit Pro- und Contra-Punkten. Das klingt unglaublich stumpf, aber mal Hand aufs Herz: Wer macht das wirklich? Wenn uns das jemand vorschlägt, nicken wir zwar meistens, aber machen es nicht. Wir denken, wir wüssten das Ergebnis, tun wir aber nicht.

PRO & CONTRA

Wir alle kennen sie, doch wer von uns hat wirklich mal eine Liste darüber erstellt? Stell bei schwierigen und schwerwiegenden Entscheidungen die Benefits und die Abstriche gegenüber. Im Zusammenhang mit der Fähigkeit der Visualisierung kannst du dich mit einer derartigen Liste vor großen Fehlern bewahren. Gerade wenn man in der Vergangenheit oft Bauchentscheidungen (emotional) getätigt hat, die sich im Nachhinein als Fehler herausstellten, ist diese Methode von großem Wert.

Am Ende hören wir auf unser Bauchgefühl, was auch nicht immer verkehrt ist. Aber ich konnte mich darauf nicht mehr verlassen. Ich wollte Gewissheit und war schon zu oft von Menschen um mich herum enttäuscht worden, als dass die augenscheinliche Sympathie zu jemandem meine Entscheidung beeinträchtigen sollte. Ich zoomte raus und betrachtete Zahlen, obwohl ich kein typischer Zahlenmensch bin. Es gibt unzählige Persönlichkeitstests wie Myers Briggs, 16 Personalities oder Hexaco, aber für den Anfang reicht es zu wissen, dass es vier große Typen gibt:

1. Den Action-Typ, der immer schnelle Entscheidungen will, nicht lange um den heißen Brei herumredet, sondern ins Tun kommen will.

2. Den Zahlen-Typ, der sich alles ausrechnet, bevor er Entscheidungen trifft.

3. Den Emotionalen-Typ, der sich durch seine Gefühle primär leiten lässt, Ängste und Zweifel hat, der lange braucht, um eine Entscheidung zu treffen.

4. Den sozialen Typ, der am liebsten in der Gruppe ist, und dem ein gemeinsames Arbeiten und ein gutes Klima alles bedeutet.

Wir sind tendenziell von einem primären und einen sekundären Typen geprägt und von zwei, die sich mit sehr wenigen Prozenten unterordnen. Ich war der typische Action-Typ, der sich ab und an durch Emotionen leiten ließ. Das wollte ich aber zu unterdrücken lernen.

Es standen schlussendlich drei Unternehmen zur Wahl, und ich schrieb Menschen an, die dort arbeiteten, denn ich wollte mich gerne mal mit jemandem zusammensetzen und darüber sprechen. Tatsächlich aber sah nur einer von ihnen meine Nachricht bei Facebook und schlug vor, sich direkt am nächsten Tag gemeinsam hinzusetzen. Ich mochte seine Spontanität, ein Action-Typ wie ich. Er fuhr dafür von Köln nach Oldenburg und brachte die Produkte mit. Das Portfolio war größer als das des alten Unternehmens: Nahrungsergänzungsmittel, Beauty- und Fitnessprodukte. Ich wollte nicht so eingeschränkt sein in meiner Zielgruppe, da ich ja primär über meine Social-Media-Kanäle den Versuch starten wollte und mir nicht sicher war, wer eigentlich alles meine Videos schaute. Das Treffen verlief gut. Ich hielt das Gespräch rein geschäftlich, auch wenn er immer wieder versuchte, auf eine emotionalere Ebene zu kommen. Ich wollte mich auf keinen Fall einlullen oder täuschen lassen, sondern sachlich bleiben! Jahre später erzählte er mir, dass er auf dem Weg nach Hause das Gefühl gehabt hatte, es vergeigt zu haben, so kalt sei ich gewesen. Ich testete die Produkte und versuchte den Vergütungsplan zu verstehen. Zwei Tage später stieg ich ein.

Der Mann, der mir damals als Einziger geantwortet hatte, wurde in den darauffolgenden Jahren zum Multimillionär und lebt mittlerweile in Dubai. Er hat ein gutes Herz, und wir haben ab und an noch Kontakt. Diese Entscheidung, sich ins Auto zu setzen und loszufahren, hat sein Leben verändert, wie sie auch meines veränderte.

Ich postete das Video, und tatsächlich meldeten sich in den ersten 14 Tagen 17 Menschen, die gerne mit mir zusammenarbeiten wollten. Es waren die Videos, in denen ich über Fehler sprach und mich aufregte, weil Dinge nicht funktionierten, die sie zu mir brachten, nicht die, in denen alles perfekt verlief. Das Prinzip »document the journey« wurde von Gary Vaynerchuk 2016 geprägt.[11] Ich wandte es bereits ein Jahr zuvor an, jedoch ursprünglich ohne die Absicht, Nähe zu anderen Menschen aufzubauen, die Interesse an dem haben, was ich mache, und sich so mit mir identifizieren. Mein Online-Tagebuch transportierte diese Nähe und schuf die Identifikation.

Ich saß in meinem Appartement und konnte es nicht glauben. Zu meinen Zuschauern gehörte unter anderem auch Johannes, der gerade ein Auslandsjahr in den USA machte und der die Videos von seiner Freundin geschickt bekam. Er wusste nicht, was er nach seinem Aufenthalt machen sollte, und fand es spannend zu sehen, wie ich von zu Hause aus versuchte, mir etwas aufzubauen. Er war einer der Ersten, die sich bei mir meldeten. Johannes brachte seinen Bruder Matthias in den Vertrieb, der später mein bester Freund wurde und mit dem ich heute die Medienagentur TPA Media leite.

Auch meine Ex-Freundin lernte ich über dieses Video kennen und allerhand andere spannende Menschen. Sie kamen aus ganz Deutschland: Studenten, Arbeitnehmer, Familienväter, Menschen, die nebenberuflich etwas starten wollten, die noch keine Ahnung hatten oder schon seit Jahren im Vertrieb waren.

Ich wusste nicht, wie ich den Workload schaffen sollte. Jeder, der mir eine Nachricht schrieb, wollte telefonieren. Viele wollten sich sogar am liebsten mit mir treffen. Es erinnerte mich daran, wie ich selbst eingestiegen war. Mich hatten am Ende das Engagement, die lange Fahrt auf sich zu nehmen, die Energie der Person und die

---

11   https://medium.com/@garyvee/document-dont-create-creating-content-that-builds-your-personal-brand-c2957c8c813a

Klarheit, mit der sie über die Fakten gesprochen hatte, überzeugt, also musste ich jetzt auch die Extrameile gehen. Laut meinem Plan hätte ich täglich 36 Stunden arbeiten können – zumindest, wenn ich wirklich alles umsetzte. Ich lebte im absoluten Chaos zu Hause, räumte nicht mehr auf und telefonierte nur noch oder saß am Schreibtisch. Ich hatte in den ersten Tagen mehr kommuniziert als in meinem gesamten vorherigen Leben.

Immer wenn jemand einstieg, wollte er am Ende wissen, wie er ebenfalls über Social Media neue Partner und Kunden gewinnen könnte. Ich erklärte ihm dann meine Content-Marketing-Strategie: Du erstellst Hook Content für eine Zielgruppe, erklärst das WAS und verkaufst am Ende das WIE. In unserem Fall war das der Einstieg in den Vertrieb. Danach zeigst du den Leuten, wie du den Vertrieb aufbaust, und sorgst dafür, dass Menschen sich dafür interessieren. Jeder andere, der über Social Media sein Business aufbaute, machte dies proaktiv, indem er andere Leute anschrieb. Aber wenn wir ehrlich sind, dann nerven uns diese Nachrichten doch nur. Ich hatte mir das damals so erklärt, dass es ja im realen Leben nicht anders verlief. Wenn ich zu jemandem ging und etwas vorstellen wollte, bekam ich nur Ablehnung. Bot ich aber in Form von Videos, Bildern und Texten Content an, war das wie ein Buffet, von dem sich derjenige bedienen konnte, der wollte. Ich baute gezielte Lücken ein, die Zuschauer und Leser nicht von selbst füllen konnten, sodass sie mich anschreiben mussten, wenn ihre Neugier zu groß war: passives Content Marketing. Der Clou daran ist, dass Menschen, die dich etwas fragen, sich später nicht darüber beklagen können, dass du ihnen eine Antwort gegeben hast. Schließlich wollten sie es ja hören. Mit dieser Strategie baute ich eine ganze Armee von Menschen auf, die plötzlich anfingen, ihr Mobiltelefon zu einer Sendestation zu machen. Sie wurden vom Empfänger zum Sender.

Jedoch entwickelte ich diese Konstrukte erst, während ich davon erzählte. Ich war ja selbst ein absoluter Anfänger, praktizierte es und konnte es erst hinterher erklären. Ich hatte kein System, weshalb ich mir überlegte, ein paar Videos aufzunehmen und sie bei YouTube auf »nicht gelistet« zu stellen. Das war eine eigene Playlist, die nur die Neuen von mir bekamen, sodass sie erst einmal zwei Stunden Videomaterial sichten konnten. Nur dadurch kam ich überhaupt hinterher. Anhand der Views der Videos konnte ich allerdings sehen, dass sie sich wie ein Lauffeuer verbreiteten und leider auch an Menschen verschickt wurden, die gar nicht in meinem Team waren.

Als ich diesen kleinen Ausbildungsfunnel aufsetzte, dachte ich darüber nach, was ich sonst noch optimieren konnte, um Zeit zu sparen. Ich merkte außerdem, dass mir langsam die Energie ausging. Mein aktueller Lebensstil mit täglich nur drei Stunden Schlaf tat mir nicht gut, und den Spruch »Lieber Augenringe als gar kein Schmuck« kannte ich damals noch nicht.

Ich wurde nicht in die Persönlichkeitsentwicklung hineingeboren, bin damit nicht groß geworden, doch ich wurde ins kalte Wasser geworfen, in dem man schwimmt oder untergeht. Seit das Video online gegangen war, hatte ich dauerhaft meine Kopfhörer im Handy eingestöpselt und sprach ununterbrochen. Ich lief dabei Kreise in meinem Appartement, sodass man diese schon am Boden sah. Ich ernährte mich von Wasser und Kaffee. Ab und an stopfte ich mir einen Riegel oder eine braune Banane rein für einen kleinen Zuckerschock, um mich zu pushen.

Wenn auf meinem Plan keine Calls mehr standen, schaute ich mir selbst alle möglichen Videos an, um meinen Tagesablauf zu optimieren, las Buchzusammenfassungen und hörte Podcasts. Ich wollte mich der Arbeit heraus motivieren, meinen Alltag optimieren, noch leistungsfähiger und effektiver sein in dem, was ich tat. Ich integrierte eine Morgen- und Abendroutine in meinen Tag, und gab mir so selbst einen Rahmen.

MORGEN- UND ABENDROUTINE

Erstell dir eine Morgen- und Abendroutine, die dir dabei hilft, einen Rahmen um deinen Alltag zu ziehen: Positive Gewohnheiten etablieren sich am besten, wenn sie durchgängig praktiziert werden. Keine negative Beeinflussung innerhalb der Routine, gute Nahrung für den Magen und die Seele: Informationen und Content, der dich weiterbringt und dir hilft, in deinem Feld stärker zu werden. Der beste Tipp für die ersten und letzten 30 Minuten des Tages lautet »Flugmodus«, denn keine Ablenkung ist stärker als die unseres Mobiltelefons.

Morgens hatte ich mein Handy noch auf dem Flugmodus vom Vorabend stehen, sodass ich nicht von der ersten Sekunde an Nachrichten oder Pop-ups sah, die mich sofort zum Arbeiten anregten – egal ob positiv oder negativ. Die erste Stunde des Tages gehörte mir, aber es war nicht leicht. Der Drang, direkt morgens Nachrichten und News zu lesen, zu sehen, was draußen passierte, war riesig, aber ich musste standhaft sein. Ich baute mir ein Belohnungssystem, welches gut funktionierte. Ich wollte morgens mein Handy und Kaffee haben, aber zwang mich vorher, einen Liter Wasser zu trinken und einen Aktionsplan für den Tag zu schreiben. Darauf standen mindestens drei Dinge, die ich unbedingt erledigen wollte. Die Sache, auf die ich am wenigsten Lust hatte, stand ganz oben. An einem Tag stand dort beispielsweise »Finanzamt Oldenburg Gewerbe erweitern«, und ich wusste, dass mich das ewig Zeit kosten würde, aber es stand nun mal oben. Ich durfte kein Handy benutzen und keinen Kaffee trinken, bevor das nicht erledigt war.

Routinen machen uns frei, auch wenn es paradox klingt. Je effektiver man bestimmte Dinge erledigt, desto mehr Zeit hat man
für das Kreative und Spontane in seinem Leben. Wir alle haben eine
Menge Routinen. Die meisten sind unterbewusst wie Zähneputzen,
Essen machen oder auf Toilette gehen. Es sind Basiselemente unseres Alltags, ohne die wir nicht überleben könnten. Dann gibt es
welche, die wir zusätzlich erlernen, weil sie unser Leben positiv be-
einflussen, aber eben auch negativ, wie beispielsweise das Rauchen.
Eine Zigarette nach dem Aufstehen, eine nach jedem Essen, um
runterzukommen, um sich gut zu fühlen. Irgendwann braucht man
sie dann, um nicht zu zittern und aggressiv zu werden. Dasselbe
gilt für Alkohol: das Feierabendbier, die Clubnächte, vielleicht ein
Flachmann in der Jacke für einen Schluck im Winter. Schließlich
folgt dann das Delirium, wenn man keinen trinkt. Oder Süßigkeiten: Man hat Heißhungerattacken, und irgendwann beschließt man
eben, dick zu sein, im Glauben, es sei ja auch nicht weiter schlimm
– Oversized-Models und Klamotten in Übergrößen seien ja immer
mehr im Kommen. Man sollte immer darauf achten, welche Gewohnheiten man sich antrainiert hat, und sich die guten zunutze
machen.

Die besten Dinge lernte ich aus englischsprachigen Texten und
Videos. Ich hatte das Gefühl, dass es mir zunehmend leichter fiel,
Abstand zu behalten und die Dinge herauszusuchen, die ich wirklich brauchte. Neben der Morgen- und Abendroutine baute ich
ein starkes Bewusstsein auf. Das half mir, in einem Call zwischen
den Zeilen zu lesen und Probleme, Wünsche oder Begierden der
Person zu erkennen. Ich übte das, indem ich anfing, unbewusste
Dinge bewusst zu machen. Du kannst morgens aufstehen, dich fer-
tig machen und irgendwann an der Arbeit sitzen, oder du machst
hinter jedem Schritt einen gedanklichen grünen Haken: bewusstes
Aufstehen, Haken; danach ins Badezimmer gegangen, Haken; die
Zahnbürste genommen und drei Minuten Zähne geputzt, Haken.
Am Anfang kommt einem das komisch vor, aber wenn du auf dem

Arbeitsweg plötzlich die Gesichter der Mitmenschen wahrnimmst und dir Dinge auffallen, auf die du vorher nicht geachtet hast, ergibt alles Sinn. Irgendwann weißt du, dass die Leute montags missmutig nach unten schauen, weil sie die letzte Nacht weniger Schlaf hatten, und sie schlechte Laune haben, weil die ganze Woche vor ihnen liegt. Freitags ist das Gegenteil der Fall. Du erkennst, ob jemand ein Action-Typ oder eher ein Zahlenmensch ist, und du weißt, was du sagen musst, damit er dir zuhört. Es ist wie Memory spielen. Drehst du die Karte um, die zu der des Mitspielers passt, habt ihr ein Match – auch ohne Tinder. Oder du achtest auf Gestik und Mimik und erkennst plötzlich, wann jemand lügt oder dass er tendenziell seine Augen nach rechts bewegt, wenn er die Wahrheit sagt, und vieles mehr. Ich übte das jeden Tag beiläufig, und es dauerte nicht lange, dann wusste ich nach nur wenigen Minuten, wenn ich mit einer Person über Skype sprach, wie er oder sie tickte.

Ich verschlang solche Informationen zuhauf am Abend und liebte es, besser zu werden. Nach einer Woche dachte ich, vieles zu erkennen, doch je mehr ich lernte, desto mehr wurde mir klar, dass ich noch fast gar nichts wusste.

Ich hatte ständig die Angst zu scheitern im Nacken sitzen. Jedes Mal wenn ich überlegte, raus in die Stadt zu gehen oder kurz mal im Internet eine Folge von einer Serie zu schauen, überkam mich eine Hitzewelle, und ich verwarf den Gedanken.

»Education over Entertainment«, sagte ich mir immer wieder und wurde das erste Mal in meinem Leben ein wissbegieriger Student. Die Verwendung von Social Media und alles, was man dafür brauchte, um besser darin zu werden, war meine Passion, und ich hatte nach dem Gaming wieder etwas gefunden, was bei mir dieses »Tag-1-Gefühl« auslöste. Es packte mich, ich entwickelte extremen Ehrgeiz dafür und wollte alles darüber erfahren.

Doch ich bemerkte auch, dass ich, je mehr ich konsumierte, auch immer mehr Werbungen angezeigt bekam, zum Beispiel, dass ich doch mal ein Seminar besuchen sollte. Diese Industrie, in der

ich Fuß zu fassen begann, ist keine Selbsthilfegruppe aus Samari-
tern, die Lebensweisheiten mit dem Löffeln gefressen haben, die sie
dir mitgeben wollen, damit es dir besser geht. Deshalb erlaube ich
mir an dieser Stelle einen wichtigen Einschub.

Einschub: Die Wahrheit über Persönlichkeitsentwicklung, Motivation und Selbsthilfe

Kein Buch, kein Seminar, kein Podcast und kein Video werden dein
Leben verändern. Nur du allein wirst es verändern. Mir ist es wichtig, diese Zeilen einmal niedergeschrieben zu haben und mich selbst
zitieren zu können. Ich war damals in die Szene der Persönlichkeitsentwicklung gekommen, weil ich für mich DRINGEND Bedarf gesehen
hatte, nicht weil sie mich rekrutierte.

Meine Motivation, mein Leben effektiver zu gestalten, sah so aus:
Ich bekam irgendwann einen Brief von der Uni, in dem stand, dass ich
meine Masterarbeit in wenigen Monaten abgeben müsse, da ich sonst
einen Fehlversuch kassieren würde. Ich hatte mich automatisch für die
Arbeit angemeldet, qualifiziert und würde danach ins Verfahren für
das Referendariat aufgenommen. Normalerweise wäre dieser Fehlversuch nicht weiter schlimm – man kann die Arbeit wiederholen –, aber
im Fall eines angehenden Gymnasiallehrers verringert er die Chancen
auf eine Stelle enorm. Ich wusste das und auch, dass es kein Zurück
mehr gäbe, wenn ich jetzt nicht alles andere beiseiteschieben würde
und mich auf mein Studium konzentrierte. Ich konnte es nicht. Die Tür
schloss sich langsam, und das war mir sehr bewusst. Genauso wie die
Tatsache, dass meine Eltern die Tür wieder auftreten würden, wenn sie
es erfuhren. Deshalb entschied ich, es ihnen direkt zu sagen. Es waren
die schlimmsten zehn Minuten meines Lebens. Ich rief sie an. Meine
Mutter war erst ruhig, dann aufbrausend und legte schlussendlich auf.
Ich wusste, dass sie weinte und im Kaminzimmer saß, während sie sich
eine Zigarette nach der anderen anmachte. Mein Vater hingegen
schwieg höchstwahrscheinlich. Es tat mir so weh, sie zu enttäuschen,

aber es war die Entscheidung, entweder sie glücklich zu machen oder mich. Der Kontakt brach danach für eine längere Zeit ab, während ich meinen eigenen Weg ging.

Es gab kein Zurück mehr, als ich die Masterarbeit nicht abgab und die Frist verstreichen ließ. Meine Eltern waren nicht mehr für mich verantwortlich. Ich wurde an diesem Silvester 27 Jahre alt und saß alleine im meiner Oldenburger Wohnung, ohne Freunde, ohne Happy Birthday. Was ich durch den Vertrieb überwiesen bekam, war das Geld, das ich besaß. Davon musste ich  meine Miete und mein Leben finanzieren. Wenn ich jetzt scheiterte, hätte ich nicht gewusst, welche Möglichkeiten ich noch hatte. DAS ließ mich mein Leben umstellen. Leider ist die Industrie der Selbstoptimierer eine, die zehn Milliarden schwer ist. Es werden Träume aufgebaut und Strategien verkauft, um diese Träume zu erreichen. Es ist wie mit der Pharmaindustrie: Würde sie uns gesund machen, gäbe es keine zahlenden Kunden mehr. Deshalb bekämpft vieles da draußen zwar kurzfristig deine Symptome, löst aber nicht deine grundsätzlichen Probleme. Ich erkannte das früh, weil mir die Empathie und Zeit für Hokuspokus fehlten. Mich interessierten nur die Resultate, weil ich sie dringend brauchte. Ich sah allerdings auch viele, die sich darin verloren, weil sie die Persönlichkeitsentwicklung zum Selbstzweck machten. Es ging nicht mehr darum, selbst besser zu werden, ein Unternehmen aufzubauen und ein langfristiges Ziel anzugehen, sondern um die Optimierung der Optimierung wegen.

Man kauft ein Ticket für ein Seminar, auf dem die Energie hochgehalten wird. Ein kalter Raum, das Gehirn ist fokussiert, man springt und klatscht, jubelt und umarmt sich. Das kostet zwischen 50 und

50.000 Euro – je nachdem wie erfolgreich der Speaker ist und wie viele Menschen unter seiner Leitung schon gesprungen sind. Doch am Montagabend, nach einem erfolgreichen Wochenende, sitzt man wieder zu Hause und fragt sich, wie es denn jetzt konkret weitergeht. Meistens wird hierauf gleich das nächste Angebot angenommen und ein Ticket für das nächste Seminar gekauft, das wieder verspricht, alles zu verändern. Dopamin und Endorphine, die am Wochenende ausgeschüttet werden, helfen über die Kritik der Außenstehenden hinweg. Was jedoch häufig fehlt, ist die Strategie, um weiterzukommen. Bediene dich eines simplen Experiments: Kannst du noch auf die Meta-Ebene?

META-EBENE

Es gibt immer eine Ebene, die derjenigen übergeordnet ist, in der du dich gerade befindest: Die Fähigkeit, rauszuzoomen und die Meta-Ebene zu erkennen, ist wichtig. Das wird dich unterstützen, dich nicht in Kleinig- und Nichtigkeiten zu verlieren. Außerdem sorgt sie für Klarheit. Mindmaps oder Visualisierungen helfen hier ebenso. Du distanzierst dich bewusst von deinen Gedanken und Emotionen und betrachtest die Situation aus einer anderen Perspektive. So erkennst du neue Blickwinkel auf die Situation.

Egal wie groß unsere Passion für etwas ist, es gibt immer eine Ebene, die darüber steht und das Phänomen erklärt: Wenn du in einer Sportart richtig aufblühst, du derjenige bist, der als Erstes in die Halle kommt und am Abend das Licht ausknipst, dann gibt es da etwas, was dich antreibt. Es kann das Ziel sein, eine Meisterschaft zu gewinnen oder Anerkennung zu bekommen, vielleicht willst du dir oder jemand anderem etwas beweisen. Dennoch steht irgendetwas über dem Training, das dich treibt. Und so funktioniert es immer. Wenn uns Dinge zu nahe kommen, gelingt es uns nur sehr selten, noch das zu sehen, was darüber steht. Wir verlieren uns in der Sache, was nicht immer schlimm ist. Es kann auch zu außergewöhnlichen Ergebnissen führen, wenn man mit Herz und Seele dabei ist. Nur solltest du die Fähigkeit behalten, es ab und an zu hinterfragen. Ich machte es jeden Sonntag zur Routine, und das rettete mich. Ich hinterfragte mich immer wieder: Mache ich gerade Dinge, die mich wirklich weiterbringen? Hat die Investition sich gelohnt, und sehe ich Fortschritte? Ein Realitycheck. Wo steht man gerade, und was lief gut, was schlecht? Dabei ist es wichtig, dass du mit dir selbst die Abmachung triffst: Das Ergebnis erfährt niemand, nur du kennst es. Das heißt, du brauchst keine Notlügen, keine Schönmalerei. Es kommen nur die Fakten auf den Tisch. Das ist die simpelste Methode, um sich zu verbessern. Und vor allem ist es ein Schutz, um in keinem Fall den Versprechungen und Werbeslogans zu verfallen. Außerdem kannst du das für alle Bereiche leicht anwenden. Das Heimtückische ist nur, dass es schwierig ist, wenn man sich bereits verloren hat.

Mach gerne ein Bild von diesem Buchabschnitt und schick es Menschen, bei denen du das Gefühl hast, dass sie sich verlieren.

Falsche Fünfziger:
Geld versus Passion

Das neue Unternehmen hatte eine eigene App, in der man sehen konnte, wie groß das eigene Team gerade war und wie viel Provision man im nächsten Monat erhielt. Ich schaute kein einziges Mal hinein, sondern konzentrierte mich nur auf Calls und Meetings. Mein Vorteil war, dass jeder meine Videos kannte und ich vieles nicht mehr erklären musste. Sie kannten es bereits durch mein Tagebuch.

Dazu startete ich auf Facebook mit wöchentlichen Livestreams. Für jeden Stream veränderte ich mein Profil und Titelbild und machte Werbung dafür. Ich kündigte diese auch in den YouTube-Videos an, sodass ich jeden Tag neue Freundschaftsanfragen bekam und nach kurzer Zeit 5.000 Freunde hatte. Dass es dort eine Grenze gab, erfuhr ich beim Bestätigen neuer Kontakte, als plötzlich eine Fehlermeldung erschien, die mir sagte, dass ich nicht mehr Freunde aufnehmen durfte. So schaute ich, welche alten Kommilitonen ich löschen konnte, um Platz für meine Interessenten zu machen. Meine Bilder bekamen nun so um die 150 »Gefällt mir«-Angaben, obwohl ich einfach nur Bilder von meinem Schreibtisch postete, auf dem Unterlagen lagen, oder ein Spiegel-Selfie. Ich hätte gerne die Gesichter der Leute an der Uni gesehen, die ihre Partypics teilten, die nur von den Leuten geliked wurden, die selbst auf der Party oder sogar dem Bild waren.

Nach dem ersten Monat gratulierten mir viele aus dem Unternehmen zu meinem super Start und fragten mich nach Social-Media-Tipps. Ich war intern schon bekannt als der »Social-Media-Typ«. Dabei redete ich nur über Dinge, die mich beschäftigten, und schrieb über Sachen, die mir widerfahren waren. Ich benutzte keine Filter und nahm kein Blatt vor den Mund.

An einem Freitag kam ein Pärchen nach Oldenburg, das sich unbedingt mit mir treffen wollte und das in meinem Geschäftsbereich schon Erfahrung gesammelt hatte. Ich packte meine Tasche mit den Produkten und stiefelte los, als mir einfiel, dass ich vielleicht noch Geld abheben sollte, um sie einzuladen. Ich hatte meist Bedenken, dass meine EC-Karte nicht funktionieren könnte. Deshalb hatte ich immer etwas Bargeld in der Tasche. Als ich an dem Geldautomaten stand, schreckte ich zusammen. Auf dem Display stand 15.921 Euro. Das bedeutete, ich hatte letzten Monat über 15.000 Euro an Provisionen erhalten. Mir wurde ganz flau im Magen. Ich machte mit dem Handy ein Bild von der Überweisung und schickte es den Leuten, die mir alles gezeigt hatten. Sie antworteten mit Lachsmileys und Herzen und erklärten mir, dass es eine Promotion gab, die ich zufällig auch noch mitgenommen hatte, für die man 6.000 Euro erhielt. Ich war überwältigt und klickte auf 200 Euro, steckte sie in meine Geldbörse und ging zu meinem Treffen.

Das ganze Gespräch über hatte ich das Geld im Hinterkopf. Ich konnte es immer noch nicht glauben, und es fiel mir gerade echt schwer, mich auf das Pärchen zu konzentrieren. Nach ein paar Minuten meinte ich zu beiden, ich müsse ihnen kurz erzählen, was da gerade passiert war am Geldautomat und wieso ich leicht neben der

Spur sei. Ich zeigte ihnen das Bild und den Chatverlauf mit den anderen und musste gar nichts mehr sagen. Beide wollten sofort einsteigen und Teil des Teams werden. Ich freute mich mit ihnen, wollte gerade die Produkte aus der Tasche ziehen, als er abwinkte: »Lass mal, Torben. Wir glauben, dass die was taugen!«

Das verwunderte mich, denn ich stellte die Produkte immer vor, und sie gehörten einfach in meine Präsentation. Die Präsentation ist Teil meines Jobs. Wir verkauften diese Produkte. Sie wollten nicht

und holten ihr Handy raus, downloadeten die App und registrierten sich bei mir. Auf meinem Handy-Display erschien das Pop-up »Sie haben 300 Euro Provision erhalten«. Ich schlug mit beiden ein: »Auf gute Zusammenarbeit.«

Zu Hause angekommen musste ich mich erst mal aufs Bett setzen und verstehen. Ich hatte letzten Monat 15.000 Euro verdient und es gar nicht gemerkt. Ich hatte Videos gedreht, Livestreams gemacht und telefoniert. Ich hatte noch nie in meinem Leben so viel Geld auf einmal bekommen. Ich hatte nun seit Monaten das erste Mal wieder einen Puffer. Trotzdem blieb mir im Hinterkopf, dass die beiden gerade gar nichts mehr hatten wissen wollen. Ich hatte das Gefühl, das Bild mit dem Geld hatte sie total geflasht, was ich natürlich verstehen konnte. Ich musste daran denken, dass ich selbst vor einem Monat eingestiegen war, um Geld zu verdienen. Es hatte mich dann aber gar nicht mehr interessiert. Die letzten vier Wochen hatte ich nicht ein einziges Mal darüber nachgedacht, wie viel ich hier gerade verdienen konnte oder was mir die Einschreibungen und Verkäufe einbrachten. Mir machte die Arbeit einfach richtig viel Spaß, sie war mein Motivator, und das war mein Treiber, um besser zu werden. Das war das Wettkampf-Gen wie in alten Gamer-Zeiten. Schon damals hatte ich nie der Preisgelder wegen teilgenommen, sondern weil ich in der Tabelle ganz oben stehen wollte. Aber natürlich befreite es mich, zu wissen, dass ich mich in die Ringseile gerettet hatte.

Es ist schon erstaunlich, wie sehr uns manchmal Probleme belasten, die sich dann einige Wochen später wie von alleine klären. Wahrscheinlich kommt daher auch meine rationale Art. Ich habe das einfach schon zu oft erlebt. Wenn du denkst, festzustecken, ist das Schlimmste, was du machen kannst, ewig darüber nachzudenken. Es gibt in den meisten Fällen eine Lösung, bei mir war es die, weiterzumachen und Gas zu geben, zu telefonieren, Menschen zu treffen und besser zu werden. Ich hätte nach dem Gespräch mit meinen Eltern auch in eine Depression verfallen können, dann hätte ich aber immer noch die gleichen (Geld-)Probleme im Nacken. Angriff ist die beste Verteidigung.

Ich kaufte mir eine neue Kamera und fing an zu vloggen. Sie war jetzt immer mit dabei. Ich zeigte in meinen Videos auch die Menschen, die ich selbst traf. Einige spornte es an, sich mit mir zu treffen, nur um ein Teil meines Vlogs zu werden. Es war spannend, da ich davon ausgegangen war, dass ich immer um Erlaubnis fragen müsse und es sie vielleicht stören würde, wenn ich ein paar Szenen filmte. Doch es war genau andersherum. Ich wurde irgendwann gefragt, ob wir nicht noch etwas gemeinsam filmen wollten.

Mein Team wuchs, und ich verlor mittlerweile den Überblick. Wir hatten eine WhatsApp-Gruppe, die damals noch auf 100 Menschen begrenzt war. Ich versuchte immer alle dort hineinzubekommen, einige hatten aber untereinander eigene Gruppen aufgemacht und wollten dann nicht mehr in die große. In einer kleineren Gruppe waren meine Mentees, die ich selbst betreute. Menschen, die ich direkt in den Vertrieb gebracht hatte und die unter anderem auch Social Media von mir lernen wollten. Ich hatte einen jungen Typen aus Berlin, der am Ku'damm auf und ablief, um dort auf Kaltakquise zu gehen. Für mich war das die schlimmste Vorstellung, aber er liebte es. Sein ganzes Team bestand aus Leuten, die angesprochen wurden und dann meist schnell genauso weitermachten. Der Typ hatte eine Armee am Ku'damm. Ich wäre wahrscheinlich weggelaufen, wenn sie von Weitem auf mich zugekommen wären. Es dupliziert sich meistens, was der Leader vormacht. Da er jedoch weniger auf Social Media aktiv war, wollte er meine Strategie nicht umsetzen, sondern etablierte seine eigene. Ich beobachtete es stolz. Er hatte meinen Respekt für so viel Selbstbewusstsein und war mir, was das betraf, um einiges voraus.

Eine der wichtigen Regeln, die ich lernte, war: »Erwarte nie von anderen etwas, was du selbst nicht tust.« Ich kenne auch heute noch viele Leute, die immer mit dem Finger auf andere zeigen, auf Mentees, Mitarbeiter und Partner. Sie versuchen, Verantwortung abzugeben, aber als angehender Unternehmer solltest du dir das gar nicht erst angewöhnen. Nur bei Dingen, die du selbst in die Hand nimmst, hast du die Kontrolle. Niemand trägt die Schuld, wenn etwas schiefgeht, außer dir.

Aber nicht jeder kann eine Führungskraft sein, es muss genauso auch Leute geben, die einfach nur folgen. Wir bekommen von dem System, in dem wir leben, eingetrichtert, dass wir für unsere Leistung benotet werden. Für viele da oben sind Menschen ausschließlich eine Zahl. Wir müssen Klausuren bestehen, um weiterzukommen, müssen Tests absolvieren, Lob und Tadel, Zuckerbrot und Peitsche. Monkey see, Monkey do. Wir bekommen schon als Kind indoktriniert: »Wenn du X tust, dann bekommst du Y.«

Wechseln wir dann irgendwann die Position und wollen selbst die Leitfigur sein, kann uns das schwerfallen. Weil wir es nicht anders kennen. Niemand weist dir den Weg, wenn du deinen eigenen gehst.

Da viele in meinem Team nebenberuflich gestartet waren, war ihr Denken von ihrem Hauptjob geprägt. Ich musste vieles vorgeben, damit sie einen guten Start hatten. Ich hatte zwar wenig Geduld mit mir selbst und wollte immer Dinge sofort umsetzen, brauchte diese Geduld aber unbedingt bei meinem Team. Nicht jeder hat das gleiche Feuer in sich, vor allem nicht in so heterogenen Gruppen, wie meine es war. Einige wollten unbedingt ihr Leben damit finanzieren, groß rauskommen und finanzielle Freiheit erlangen. Andere wollten nur 500 Euro nebenher verdienen, und für noch ein paar andere war unser Team eine Art Selbsthilfegruppe. Die wollten nur die Kekse auf Veranstaltungen essen und ein bisschen plaudern. Das Problem ist, dass du am liebsten nur die Hungrigen haben willst, die Goalgetter, die so ticken wie du selbst, weil das einfacher ist. Nur irgendwann begreifst du, dass es von denen gar nicht so viele gibt und dass Menschen, die nur eine Woche dabeibleiben, alles ein bisschen ruhiger machen oder vielleicht auch nie ins Tun kommen, genauso willkommen sein sollten, wenn du ein großes Team aufbauen möchtest.

Jeden Montag hatten wir einen Team-Call, in dem ich die neuesten Informationen herausgab, wir unsere Wochenziele besprachen und am Ende einer meiner Führungskräfte seinen Tipp der Woche präsentierte. Ich wollte, dass immer etwas aus der Praxis geteilt wurde, neue Erkenntnisse, sodass die anderen sahen, es gibt Veränderung und Fortschritt. Mit Leadern ist es ein bisschen wie mit Babys. Wenn man seine Aufmerksamkeit auf etwas anderes und Neues richtet, wird das Baby eifersüchtig. Ich wollte, dass alle merkten, dass mein Fokus auf denen lag, in denen das Feuer loderte. Ein Prinzip, das ich heute noch anwende. Anstatt zu versuchen, Feuer bei Leuten zu entfachen, die keines haben, gieße ich lieber Benzin auf die bestehenden Feuer. Sprechzeit war wichtig, denn es gab einen hohen

Profilierungsdrang, den man nur stillen konnte, wenn man gearbeitet hatte und Resultate vorzuweisen hatte.

An einem Tag präsentierte Felix. Er erzählte uns von einer Einschreibung, die er in der vergangenen Woche über Facebook hatte. Ich öffnete nebenher sein Profil und schaute mir die Beiträge an. Ich bemerkte sofort, dass er arg oberflächliches Marketing betrieb. Davon bin ich kein Fan. Er fuhr einen teuren Wagen und sparte auch nicht damit, diesen auf seinen Bildern zu zeigen.

Bei seinem aktuellen Closing setzte er allerdings noch einen drauf und überstieg damit eine Grenze, die in unserem Unternehmen nicht erlaubt war. Er zeigte seinen Wochenscheck, um damit zu rekrutieren. Ich ließ ihn erst einmal ausreden und bemerkte bei seiner Schilderung, dass er begeistert von der Wirkung des Geldes war.

»Er war super skeptisch und wusste nicht, ob es etwas für ihn ist, bis ich ihm den Scheck zeigte. Er wollte das unbedingt auch erreichen. Danach war ihm alles egal. Er wollte die Produkte nicht mehr sehen und am liebsten sofort einstiegen, leider nur mit dem kleinen Paket, da er zurzeit nicht so viel Geld hatte.«

Felix machte sich die Situation zunutze und präsentierte eine Lösung für das Problem seines neuen Schützlings. Es entfachte eine rege Diskussion. Natürlich ist Geld ein starker Motivator. Keines zu haben, wenn Rechnungen zu begleichen sind, baut enormen Druck auf. Ich kannte das selbst. Auch ich war eingestiegen mit dem Ziel, durch den Vertrieb mein Leben zu bestreiten, keine Frage. Problematisch wird es jedoch, wenn du einer Person über Umwege Geld versprichst, wenn sie einsteigt. Du wechselst damit in eine Art Arbeitgeberrolle und die andere Person in die des Arbeitnehmers, der am Ende Geld erwartet. So funktioniert dieses Geschäft jedoch nicht. Jeder ist selbstständig und baut sich etwas Eigenes auf. Er ist damit auch in vollem Maße selbst verantwortlich für Erfolg und Misserfolg. Die indirekten Versprechen von Felix bauten eine falsche Erwartungshaltung auf, die toxisch sein konnte. Stell dir vor, er zeigt einem Neuling einen Scheck von 1.250 Euro, die er in einer Woche gemacht hat. Diesen schon nach wenigen Monaten zu erreichen, ist außergewöhnlich gut und war in seinem Fall nur möglich, da er eine Promotion mitgemacht hatte. Zudem waren in seinem Umfeld viele Menschen, die ihm zum Start die Produkte abgekauft hatten. Der Neue lässt sich durch die Aussicht auf scheinbar schnelles Geld rekrutieren und beginnt. Nach den ersten Monaten verdient er sein erstes Geld, jedoch nur 700 Euro, was im Normalfall ebenfalls ein guter Start gewesen wäre. In seinen Augen aber ist es schlecht, da er ja durch jemanden in das Geschäft gekommen war, der nach derselben Zeitspanne bereits über 1.000 Euro verdient hatte. Die Motivation würde durch den direkten Vergleich sinken, obwohl dieser aufgrund der verschiedenen Faktoren und Einflüsse gar nicht gemacht werden dürfte.

Was sich hier sehr logisch liest, ist in der Realität eine oftmals süße Versuchung. Das Internet ist voll von schnellem Geld und Geldversprechen: Falsche Erwartungshaltung ist der erste Grund, wieso diese Industrie oft in einem schlechten Licht dargestellt wird. Sobald die Resultate nicht eintreffen, wird die Schuld gesucht und schnell derjenige gefunden, der noch vor einigen Wochen posaunte, dass man hier viel Geld verdienen könne. Die Vorwürfe beginnen.

Geld versus Passion ist ein komplexer Kampf. Am Anfang ist bei vielen fehlendes Geld der Auslöser, um einen ersten Schritt zu machen, das war bei mir nicht anders. Wenn man dann aber für den Prozess keine Passion entwickelt, werden auch die Resultate ausbleiben. Das ist der Grund, warum ich besonders jungen Menschen rate, vieles auszuprobieren, ohne auf die Resultate zu achten. Erst einmal sollen sie nur schauen, ob es ihnen gefällt und Spaß macht. In der Praxis ist das aber nicht immer umsetzbar, denn manchmal braucht man einfach Geld und hat keine Zeit, sich auszuprobieren. Das ist der Beginn eines Teufelskreises. Denn Geld kommt automatisch, wenn man mit Herz und Seele etwas macht und dafür eine

Passion entwickelt. Jedoch braucht man es oft so dringend, dass man keine Zeit hat, den Prozess sich entfalten zu lassen und die Passion zu entwickeln. Das ist einer der größten Fehler, die gemacht werden. Wem das gelingt, wird seinen Erfolg meist auch auf ein zweites Unternehmen übertragen können. Er hat sich die Zeit gekauft, ohne Druck etwas zu starten, und kann den Prozess leben, während andere unbedingt Resultate benötigen, um ihrem Druck zu entkommen.

Es wird noch komplexer, wenn man bedenkt, dass Passion eine Emotion ist: Sie verändert sich mit der Zeit, und es kann sein, dass du nach einiger Zeit auch den Prozess nicht mehr genießt. Dann bleiben dir nur noch die Fähigkeiten, die du erlernt hast, um sie auf andere Projekte zu übertragen, wenn du dir selbst treu bleiben willst.

Das schließt aber eben auch aus, dass du dich derartiger Shortcuts wie einem Einkommensversprechen bedienst, denn dadurch bekommst du zwar kurzfristige Ergebnisse, lernst langfristig aber nicht zu verkaufen.

In meinem Team vertrat ich diese Politik, und keiner sollte einen anderen verführen, ebenfalls in den Kreis zu kommen. Deswegen: keine Geldversprechen, keine falsche Erwartungshaltung. Dafür stand ich, und dafür stand auch mein Team. Viele sagten uns nach, das authentischste und ehrlichste Team zu sein. Das prägt mich bis heute und ist als Kernmerkmal in meiner Personenmarke verankert. Ich frage mich jedoch immer wieder: Sollte man Lob und Anerkennung dafür bekommen, dass man ehrlich ist? Beifall für etwas, was normal für jeden von uns sein sollte?

Unser Team war zwar extrem gut, doch wir hatten auch mit vielen Kinderkrankheiten zu kämpfen. Besonders auf Teamtreffen und Veranstaltungen kam es immer wieder zu Liebschaften, die nicht selten damit endeten, dass die Mädchen und jungen Frauen unter Tränen und Dramen das Team verließen und ausstiegen. »Never fuck your company« war ein Slogan, der zwar immer wiederholt wurde, aber kaum jemand hielt sich daran. Für mich war es anfangs kein Problem, aber wenn du merkst, dass du als Sprecher auf der Bühne beim weiblichen Geschlecht sehr gefragt bist, kommst du eben oftmals auch in Versuchung. Ich hielt mich so gut es gingt bedeckt und hatte andere Ziele vor Augen: Ich wollte das größte Team aufbauen und in der Industrie etwas verändern, sie in ein besseres Licht rücken und aufklären. Es hatte mich in meinem Inneren gepackt, dass so viele schlecht darüber sprachen und viele außerdem der Meinung waren, man könne in dem Business kein Geld verdienen.

Im Internet fing ich gezielter an, Content zu produzieren. Es war nun kein reines Dokumentieren mehr, sondern ich lieferte auch extrahierte Learnings und Tipps, die andere direkt umsetzen konnten. Auch aus anderen Unternehmen kamen immer mehr Interessenten zu mir, die in mir einen Lehrer und Mentor sahen, der ihnen das Vertriebsgeschäft beibrachte. Das führte zwangsweise auch zu einer Menge Streitereien. Einmal standen nach einem Event zwei Typen vor der Halle, die mich zur Rede stellten, weil ich einige Leute aus ihrem Vertrieb abgeworben hätte. Das unterstellten sie mir zumindest. Die Realität war jedoch, dass sie sich hilfesuchend auf Facebook an mich gewandt hatten, da sie keine Ahnung hatten, wie sie weiterkommen sollten. Diese Konfrontationen waren Auslöser für einen neuen Charakterzug, der sich bei mir immer stärker zu entwickeln begann. Zuerst war ich selbstbewusst, ich wusste, was ich konnte, und praktizierte bestimmte Dinge immer und immer wieder. Ich drehte Videos, machte Livestreams, schrieb Posts und baute meine Social-Media-Kanäle auf, sprach auf Veranstaltungen und lernte permanent dazu. Je mehr Neider es allerdings gab, und je häufiger ich mit ihnen konfrontiert wurde, desto aggressiver machte mich das. Ich war damals emotional noch nicht so gefestigt wie heute. Ich war zwar kalt, konnte aber Konflikte nicht gut verarbeiten. Ich hatte mich daran gewöhnt, dass Menschen mich mochten, weil ich ihnen etwas zeigte, was sie nicht kannten. Ich wollte auf keinen Fall wieder der Außenseiter werden, der ich einmal gewesen war. Jemand, der keine Freunde hatte und keine Anerkennung bekam. Doch nun hatte ich es mit einer Gegenfraktion zu tun, und in diesem Gespräch rutschten mir Sätze raus wie: »Ihr habt doch keine Ahnung von Social Media. Wahrscheinlich noch keinen Kunden darüber gewonnen, ist doch klar, dass eure Leute zu mir gehen.« Im Affekt sprach das Ego. Ich erschrak vor mir selbst in diesem Moment, aber es fühlte sich irgendwie auch gut an. Ich ballte das erste Mal seit einiger Zeit wieder meine Fäuste. Sie hatten keine Argumente, wechselten auf eine verbal niveaulosere Ebene, und wenn nicht jemand aus meinem Team dazwischengegangen wäre, hätte ich mit den Typen wahrscheinlich eine Schlägerei angefangen.

Das veränderte mich, ich wollte ein Exempel statuieren. Bei einem Event stieg ich auf den Tisch, und um mich herum waren 200 Leute aus meinem Team. Ich begann eine Ansprache, ohne

zu wissen, was ich eigentlich sagen wollte. Meine Führungskräfte applaudierten und grölten, alle feierten die Energie, und draußen standen andere, die nicht zu uns gehörten. Ich sagte dort, dass wir die Größten werden und irgendwann ein Stadion befüllen würden. Der Applaus nach jedem Satz puschte mein Adrenalin und meine Endorphine. Es war wie ein Rausch.

Es gab mir viel Kraft. Ich fühlte mich das erste Mal so richtig mächtig, dabei hatte ich die Statur eines schlaksigen Typs in zu großen Klamotten.

Meine engsten Mitstreiter fingen in den nächsten Monaten alle an, sehr gutes Geld zu verdienen, zogen in größere Wohnungen, leasten sich teure Autos und machten coolere Trips. Ich nicht. Ich gab gefühlt noch weniger Geld aus als vorher, reiste von einem Hotelevent zum nächsten und lebte aus meinem Koffer.

Es war während der Weihnachtszeit, als ich einen Teamcall hatte, an dem auch Johannes teilnahm – der Typ, dessen Freundin mich über YouTube angeschrieben hatte, und der einer der Ersten gewesen war, die damals mit mir gemeinsam losgelegt hatten. Im Hintergrund sah ich seinen Bruder Matthias herumschleichen, der immer mithörte und auch in unserem Team war, bisher aber noch keinen Umsatz gemacht hatte. Er war mehr so der Mitläufer. Er war dabei, weil sein größerer Bruder es machte, wollte auch mit dabei sein, aber eben nicht wirklich etwas tun. Er schrieb mir eine SMS. Meine Nummer hatte er aus der Teamgruppe. Er wollte gerne einmal mit mir telefonieren. Ich war verwundert und dachte, er hätte in dem Call gerade etwas mitbekommen, worüber er sprechen wollte, aber tatsächlich hatte er ein anderes Anliegen. Er merkte, dass sein Studium nichts für ihn war, und da er meine Geschichte kannte, bat er mich um ein Treffen. Zu meiner Verwunderung schlug er vor, dass er sich jetzt sofort ins Auto setzen würde, um zu mir zu fahren. Ich war etwas verwundert, denn zwischen uns lagen 400 Kilometer. Ich willigte ein. Am Abend war er da, und wir gingen eine

Runde spazieren. Das hatte ich zuletzt gemacht, als ich mit dem Gaming aufgehört und Basketball für mich entdeckt hatte. Die kalte klare Luft tat extrem gut. Die ganze Stadt war schon weihnachtlich geschmückt, ich erinnerte mich an die Zeit zurück, als ich hier völlig planlos herumgelaufen war, ohne zu wissen, wie es weitergehen sollte. Matthias teilte seine Gedanken mit mir, und es kam mir vor, als stünde ich mir selbst gegenüber: Ich fühlte mich damals genauso wie er jetzt.

Wahrscheinlich verstanden wir uns deshalb auf Anhieb. Er beschloss in dieser Nacht, sein Studium abzubrechen und mit mir gemeinsam den Vertrieb aufzubauen. Für ihn war das eine gravierende Veränderung, und ich hatte endlich einen Weggefährten. Wir skypten auch in den darauffolgenden Tagen immer wieder, ich gab mein Wissen weiter und besprach mit ihm die nächsten Schritte. Unter anderem zeigte ich ihm auch mein Vision-Board, und er fertigte sich sein eigenes an. Mir fiel sofort auf, dass er Dubai als Reiseziel übernommen hatte. Uns begeisterte diese enorme Geschwindigkeit, mit der dort gebaut wurde, und dass sich schnell aus einem Gedanken eine Vision erschaffen ließ. Als wir so redeten, sah ich in seinen Augen, dass er das Gleiche dachte wie ich: Wieso damit eigentlich warten? Ich googelte Flüge nach Dubai und sah, dass man innerhalb von sechs Stunden mit Emirates via Direktflug nach Dubai fliegen konnte. Die Flüge waren gar nicht mal so teuer. Aber es war ja auch die Weihnachtszeit, und die meisten Menschen würden nun zu Hause bei ihrer Familie sein wollen. Wir buchten.

Der Dubai-Trip war unglaublich. Wir nutzen ihn als Anlass, einen Beweis anzutreten: Man kann, ohne jemanden vor Ort zu kennen, ohne im Englischen Muttersprachler zu sein und ohne viel Geld zu haben, ein Team aufbauen. Wenn wir das schafften, würde ich keine Ausreden anderer mehr gelten lassen. Es wurde ein Social-Media-Projekt. Wir dokumentieren alles und nahmen die Leute mit vor Ort. Aus den ursprünglich geplanten zwei Wochen wurde fast ein halbes Jahr, in dem Matthias und ich beste Freunde wurden. In Dubai begann für uns beide ein komplett neuer Lebensabschnitt. Das war unser erster Durchbruch in den sozialen Netzwerken. 300 bis 400 Leute nahmen regelmäßig an unseren Livestreams teil, und in unserer gemeinsamen Gruppe waren 2.500 Menschen, die jeden Tag alles mitverfolgten.

Ich hatte Matthias das Geld anfangs geliehen, und er sagte mir noch Jahre später, dass das für ihn der Druck war, den er gebraucht hatte. Er wollte mich auf gar keinen Fall enttäuschen oder mir das Gefühl geben, ich hätte ein schlechtes Investment getätigt. Und das war es auf keinen Fall. Wir hatten ein Appartement in Marina, das direkt am Beach lag. Als wir die Koffer auspackten, machten wir parallel schon einen Plan. Wir brauchten ein Whiteboard und Marker. Wir schauten uns nicht einmal Dubai richtig an und legten sofort los. Der Zuspruch aus dem Internet war riesig, unsere Follower wollten an allem teilhaben.

Jeden Morgen standen wir um 8:00 Uhr auf und gingen am Strand joggen, danach machten wir ein paar Übungen in einem Outdoor Gym. Es waren angenehme 28 Grad, auf dem Rückweg holten wir uns einen ungesüßten Coldbrew bei Starbucks und gingen zurück. Dabei besprachen wir den Tag und machten das erste Bild. Wir hatten uns alle Meet-ups rausgesucht, die es so gab, und stießen sogar auf eine extra Seite für Einwanderer: ExpatConnect. Wir wussten über unsere Internetgruppe, dass in der »Barasti Beach Bar« viele Deutsche waren, dass es im »Ritz-Carlton« eine super Lobby für Meetings gab, welche sehr zentral gelegen war, und dass, wenn wir mal Lust auf Gespräche am Pool hatten, wir diese am besten im »One and Only« führen konnten.

Es dauerte nur wenige Tage, und wir hatten unsere täglichen Routinen und unseren eigenen Workflow geschaffen. Der Lifestyle war unglaublich. Die Sonne und das Vitamin D zusammen mit gesundem Essen und Sport taten mir richtig gut. Ich hatte mich noch nie so fit gefühlt. Das merkte ich auch in den Gesprächen. Wir sprudelten vor Energie. Unsere 60-Sekunden-Story konnten wir auswendig. Die von Matthias konnte ich sogar Wort für Wort mitsprechen, so oft hatten wir die schon erzählt. Im Closing spielten wir good cop, bad cop: Matthias war der Sunnyboy, den jeder sympathisch fand. Mir stand die Rolle des zurückhaltenden Ich-weiß-gar-nicht-ob-wir-dich-wollen-Typs hingegen auch ganz gut! Nach zehn Tagen hosteten wir unser erstes Home Event, auf dem wir die Produkte und das Business vorstellten. Die einzige Hürde war: Wir mussten es auf Englisch machen. Smalltalk zu führen war kein Problem, aber eine Geschäftspräsentation mit den ganzen Fachbegriffen kristallisierte sich als deutlich schwieriger heraus als bei den ersten Proben. Also übten wir nachts, wenn keine Meetings mehr stattfanden, und redeten uns am Ende ein, dass die meisten ja auch keine Muttersprachler waren und unser gebrochenes Englisch vielleicht sogar sympathisch wirken würde. Man muss sich das nur richtig framen.

FRAMING

Framing bedeutet in erster Linie, die eigene Botschaft neu zu formulieren, mit dem sogenannten »re-framing« beeinflusst du dein Gegenüber. Du kannst es auch nutzen, um dich selbst in einer Situation zu positionieren. Sich morgens beispielsweise die Sportsachen anzuziehen ist auch eine Form des Framings, denn es bereitet dich auf dein Workout vor und motiviert dich, es nicht abzusagen.

Trotzdem stieg die Nervosität, als es dann so weit war. Wir hatten für den Abend bestimmt über 30 Leute in unser Appartement eingeladen. Es war ein komisches Gefühl. Bisher hatten zu Hause so gut wie keine Treffen stattgefunden, sondern immer in einem Café oder einer Bar. Mit Matthias fiel mir das leichter. Wir hatten für 18:00 Uhr eingeladen, aber es kam niemand. Für einen Moment fühlte ich mich zurückversetzt an das Event an meiner Uni. Ich verschickte ein paar SMS mit Fragezeichen, bekam jedoch keine Antworten. Wir schauten uns an und waren verwirrt. Natürlich hatte man bei einigen das Gefühl gehabt, sie würden einfach zusagen, weil sie nicht Nein sagen konnten, aber bei anderen war ich mir sicher gewesen, dass sie kommen würden. Um 18:30 Uhr klopfte es, und ich war beruhigt, als unser erster Gast kam. Zur Not machen wir halt eine One-to-one-Session mit ihm, das würde auf Facebook auch nicht schlecht aussehen, dachte ich mir. Dann aber verstand ich, dass in Dubai die Gepflogenheiten einfach anders sind als in Deutschland. In den nächsten Minuten kamen noch weitere 16 Menschen durch unsere Tür, und als wir gegen 19:15 Uhr endlich anfingen, war unser Appartement komplett voll. Es hatte nicht einmal jeder einen Sitzplatz. Ich war überwältigt und fühlte mich befreit. Bei Matthias stieg die Nervosität. Ich sah es ihm an.

Dieses Home-Event war der Grundstein für eine unglaubliche Geschichte. Wir bauten eines der größten Teams unserer Partnerfirma in Dubai auf. Viele Internetportale berichteten darüber. Das erste Mal seit meiner Gaming-Zeit war ich wieder präsent, für Matthias war es das erste Mal überhaupt und wir genossen es gemeinsam. Intern wettete man, wie hoch denn nun mein wöchentlicher und monatlicher Scheck sei. Ich sprach nicht mehr darüber. Der Vorfall in dem Café in Oldenburg hatte mich abgeschreckt, ich wollte wegen des Geldes niemanden als Mitarbeiter gewinnen. Denn es wäre auch nicht so einfach zu reproduzieren. Klar klingt es verlockend im ersten Moment, wenn jemand sagt, dass er nach einem Jahr im

Vertrieb monatlich ein Jahresgehalt verdient. Aber wer ist am Ende wirklich bereit, den Preis dafür zu zahlen? Fast niemand.

Ich war in meiner ganz eigenen Welt, in der es keine Liebschaft und keine Freizeit mehr gab, sondern Meetings, Calls und nächtliches Lernen mit wenig Schlaf. Damit kann sich kaum jemand identifizieren. Es ist die andere Seite der Medaille, die man kennen sollte, wenn man das Geld aufblitzen und glitzern sieht. Aber für mich war dieses Resultat überwältigend. Erst in Deutschland ging mein On-line-Banking wieder: Ich war immer noch bei einer kleinen Privatbank aus Delmenhorst, bei der die USB-Stick-Anmeldung anscheinend nicht mit einer IP aus Dubai funktionierte. Auf meinem Konto lag fast eine Viertelmillion Euro, die sich angesammelt hatte. Ich wusste überhaupt nicht, was ich sagen sollte. Natürlich ging davon noch die Steuer ab, doch aufgrund meiner Reisen und Events konnte ich eine Menge Kosten absetzen, sodass ich einmal tief durchatmen konnte. Der Druck, Geld zu brauchen, war zumindest erst einmal beseitigt, doch nun folgte der nächste Druck.

Nicht jeder in meinem Team dachte so über Geld und hatte dieselbe Erwartungshaltung wie ich. Vor allem diejenigen nicht, bei denen es noch nicht so gut lief. Ich saß wieder in meiner Wohnung in Oldenburg und bekam auf Facebook plötzlich eine Nachricht von jemandem, der mich nach einem Screenshot meines Einkommens fragte. Ich war verwundert, denn wir hatten gar keinen Chatverlauf. Auf Nachfrage erzählte er mir, dass jemand aus Berlin ihn angeworben und mit meinen Resultaten geprahlt hatte. Leider blieb das kein Einzelfall, und als ich es im Teamcall ansprach, wollte es keiner gewesen sein. Einige unterstellten mir, ich würde mich anstellen. Es sei doch gar nicht schlimm, über Geld offen zu sprechen.

Geld ist ein Thema, bei dem die Meinungen stark auseinandergehen, und ich muss gestehen, dass es für mich erst ein einziges Mal im Leben relevant war, nämlich als ich keins mehr hatte. Ich komme aus einer Familie, in der Geld keine Rolle spielte. Wir hatten immer genug Geld, um Essen zu kaufen, in den Urlaub zu fahren oder auch für allgemeine Anschaffungen wie einen neuen Fernseher, eine Waschmaschine oder auch, um mal das Dach neu zu machen oder das Bad zu renovieren. Trotzdem wohnten wir nicht in purem Luxus. Wir waren eine typische mittelständische Familie, die sparsam lebte. Meine Eltern haben unser Haus sehr früh mit meinem Opa zusammen gebaut, und es war abbezahlt, als ich noch ein kleines Kind war. Wir fuhren eine C-Klasse und hatten zwei Ferienwohnungen, in Spanien und in der Türkei. Auch wenn ich mal Geld brauchte als Kind oder Teenager, ich konnte mich immer darauf verlassen, dass ich etwas bekommen würde.

Wenn man hingegen dauerhaft pleite ist, dann macht einen das schon fertig. Ich hatte das selbst glücklicherweise nur kurz erlebt, aber es war kein schönes Gefühl. Außerdem löst Geld einfach kleinere Probleme. Das war definitiv so, und Sätze wie »Du brauchst kein Geld, um glücklich zu sein« kommen von Menschen, die genügend besitzen. Da sagt es sich eben auch leichter. Wenn man die Miete nicht zahlen kann oder Mahnungen im Briefkasten liegen, dann ist das einfach ein beschissenes Gefühl. Mir war schon klar, dass meine Teammitglieder Vorteile hätten, wenn ich auch damit etwas mehr hausieren ginge. Viele hatten den Gedanken, mit 30 Jahren Millionär zu sein. Das war dieser Traum von der finanziellen Freiheit, sich keine Sorgen mehr machen zu müssen. Und ehrlicherweise, wenn mir jemand davon erzählt, steckt es auch mich ein bisschen an. Natürlich wäre das unglaublich.

Doch ich merkte bei meinem Einkommen schon, dass eine Million niemals reichen würde. Das wäre eine Illusion. Man hat meist viel höhere Kosten, als man denkt, zum Beispiel Steuerabgaben und Probleme, die erst mit dem Geld kommen. Ich merkte bei einigen, dass sie sich veränderten, als sie erfolgreich verkauften. Schon die aufheulenden Mercedes AMGs vor unseren Veranstaltungen empfand ich als sehr unangenehm. Die zweite Anschaffung bei den meisten war eine Rolex, und erst dann folgten die Kleidung und das Zuhause. Ich erinnere mich noch an ein Hotelevent in Frankfurt, bei dem ich mich fragte, wo diese ganzen Uhren herkamen. Als ich jemanden aus meinem Team auf seine goldene Uhr ansprach, zog er im Reflex sein Jackett darüber. Ich hatte damals gar nicht gecheckt, dass die wohl aus dem letzten Türkeiurlaub war. Instagram brachte damals erstmals die Story-Funktion heraus, und die typische Vertriebler-Story sah so aus: Du fängst bei deiner Uhr an zu filmen, zeigst aber meist nur die Seite, da man am Gehäuse erkennen kann, dass sie unecht ist, dann geht es über das Lenkrad und den dicken Mercedes-Stern hoch auf die Straße, und die Kamera fokussiert auf die letzten Sonnenstrahlen. Dazu erklingt im Musik-Sticker ein trendiger Track Deutschrap. Unangenehm.

Es gab aber auch Gegenbeispiele wie Matthias oder Johannes, die mit dem Geld sparsamer waren und weniger posierten. Ich denke heute auch nicht mehr, dass Geld einen verändert, es potenziert. Wenn du vorher ein guter bodenständiger Mensch warst, wirst du es auch mit mehr Geld bleiben und dieses wahrscheinlich sogar für gute Zwecke einsetzen. Warst du ein Arschloch, wirst du mit Geld zu einem noch viel größeren werden.

Welchen Stellenwert Geld für mich hatte, sollte sich in den nächsten Monaten zeigen, denn obwohl wir viele Auseinandersetzungen hatten und bei dem Thema Geld häufig nicht einig waren, hatten wir Erfolg. Die Events wurden immer größer und fanden immer häufiger statt. Zuvor war es ein Event in jeder großen Stadt in Deutschland pro Monat, jetzt jede Woche. Ich konnte gar nicht mehr überall sein, musste mich entscheiden, sprach aber fast jeden Abend auf einem Event. Ich erzählte immer die gleiche Geschichte: der Junge aus Delmenhorst. Die kleine Stadt, in der nichts ging, und die man nur wegen Sarah Connor kennt. Mein Team konnte die Story bereits auswendig. Zumindest versuchte ich, die begleitenden

Witze ab und an etwas abzuwandeln, aber auch da merkte ich, dass der erste Joke sitzen muss. Also übte ich ihn immer und immer wieder. Wie ein Comedian, der auf der Bühne sein Programm durchzieht – der erste Witz darf nicht floppen!

Im Internet machte ich weiterhin meine Livestreams, abends berichtete ich immer aus dem Hotelzimmer, was passiert war, welche neuen Geschichten wir gehört hatten, was gut, aber auch was schlecht lief. Die Zuschauerzahlen wuchsen. Mir war es mittlerweile völlig egal, ob mir gerade 300 Personen oder mehr zuschauten. Ich liebte es, Leute zu entertainen. Bei Facebook flogen mir die Herzen und Likes entgegen, und das motivierte mich. Nach jedem Stream schrieben mich neue Menschen an, die auch im Vertrieb starten wollten. Ich telefonierte nicht selten direkt mit ihnen und merkte, wie machtvoll mittlerweile ein paar Minuten von mir waren. Dieser direkte Kontakt sorgte dafür, dass nicht selten Menschen direkt abschlossen, um dabei zu sein.

Irgendwann kam Matthias danach zu mir und wollte noch den weiteren Wochenverlauf besprechen. Wir hingen gerne zusammen ab, und da ich oft eine Hotelsuite hatte, die zum Veranstaltungsraum dazugebucht werden konnte, machten wir das bei mir. Er kam direkt nach dem Stream und meinte, dass ich gerade mehr Energie online gehabt hätte als auf der Veranstaltung vorhin, und er fragte mich, ob es mir nicht so gut ginge.

Ich war leicht verwundert, denn ich hatte das gar nicht wahrgenommen. Wir sprachen nicht weiter darüber. Matthias merkte es schon früh: Irgendwas stimmte offline nicht.

In der folgenden Woche ging es nach Berlin, und als wir die Sprecher aufteilten, merkte ich, dass wir eigentlich genug waren. Ich konnte die Woche mal aussetzen, hatte sowieso zu Hause eine Menge zu erledigen, musste unter anderem noch die Steuer machen und einige andere liegengebliebene Sachen. Im Call verpackte ich das allerdings ein wenig anders, sprach von Verantwortung übernehmen und dass ich ein gutes Gefühl hätte, wenn die anderen wachsen und auf eigenen Beinen ein Event hosten würden.

Es war eine der besten Wochen überhaupt. Ich machte alle meine Erledigungen und nahm mir Zeit für Kreatives. Ich besuchte ein Fotostudio und ließ neue Fotos für meine Socials machen, designte ein neues Banner und baute mir zu Hause eine Filmecke mit schwarzer Wand und Softboxen. Für Donnerstagabend kündigte ich einen Stream an, erstellte einen Countdown, der dann drei Minuten laufen würde mit Musik, bevor ich die Szene auf mich schaltete. Ich war schon gespannt, wie die Leute darauf reagieren würden.

Ich trank vorher immer einen halben Liter Wasser, das gab mir noch mal einen kleinen Boost, und machte einige Liegestützen, damit ich etwas Farbe ins Gesicht bekam. Dann fühlte ich mich auch direkt besser. Ich sah, wie das Live-Publikum zunahm, bevor es mich sah. Es waren schon 350 Leute online, und ich hatte noch kein Wort gesagt. Im Chat rasteten alle aus und wollten wissen, wie man so ein cooles Intro hinbekommt. Ich schmunzelte und begann: »Hey Leute, was geht ab?«

Nach dem Stream explodierte mein Postfach, Ich hatte 60 Minuten lang geredet und erklärt. Die Teilnehmer schickten mir Bilder ihrer Notizbücher, die sie gefüllt hatten.

Ich ging gerade meine Nachrichten durch und war auf der Suche nach Interessenten, mit denen ich jetzt Termine ausmachen konnte, als mein Handy klingelte. Es war jemand aus der Führungsebene unseres Vertriebs. Noch bevor ich abnahm, drosselte es meine Euphorie. Mir wurde mitgeteilt, ich solle später in einen Zoomcall kommen, merkte aber schon an der Stimme, dass etwas nicht stimmte. Da saßen nun alle Leader aus Deutschland, die parallel zu mir ein Team aufbauten, und schauten mich grimmig an. Ich war der Jüngste in der Runde. Ich merkte, wie das Adrenalin in meinen Körper schoss. »Torben, wir wollen, dass du dich auf Social Media etwas zurücknimmst.« Ich hatte aus dem Stream von gerade eben zu viel Mut getankt, als das unkommentiert herunterzuschlucken. Es entbrannte eine heiße Diskussion, in der unschöne Worte fielen und ich irgendwann auf »Meeting verlassen« klickte.

Ich kam gar nicht damit klar und verstand nicht, was sie alle von mir wollten. Social Media war doch nichts Exklusives. Jeder konnte dort aktiv sein. Bis vor einem Jahr hatte ich doch selbst keinen einzigen Follower, und nur weil sie zu faul waren, selber Streams zu machen, und keinen Content vermitteln konnten, wollten sie es mir verbieten? Der Grund war, dass viele ihrer Interessenten nicht mehr den klassischen Weg gingen und über Freunde und Verwandte in das Geschäft kamen. Sie googelten und informierten sich, fanden mich und wollten dann auch lieber bei mir abschließen. Das war für die anderen natürlich blöd, aber ich konnte es auch verstehen. Ich wäre auch lieber zu jemandem gegangen, von dem ich etwas lernen konnte. Such dir einen Mentor, der das hat, was du haben willst. Und viele wollten ihren Vertriebsweg auch über Social Media aufbauen und keine Klinken putzen gehen.

Der Call war nur der Anfang. Es folgte eine Entzweiung der Lager: Team Vertrieb Social Media versus Team Vertrieb offline. Wir veranstalteten nicht einmal mehr Events gemeinsam. Was dazu führte, dass ich immer mehr die Lust verlor, überhaupt noch welche zu hosten, wenn ich doch genauso gut online meine Geschäftspräsentation halten konnte. Dazu kamen vermehrt Probleme mit den Kosten. Leute zahlten ihren Anteil nicht, ich blieb nicht selten auf den Kosten sitzen und musste noch die Reinigung und Getränke übernehmen. Das waren genau die Leute, die im Restaurant Lachs oder Steak bestellten und komischerweise beim Bezahlen immer telefonieren mussten.

Online gab es einige aus den anderen Teams, die vermehrt anfingen, gegen mich zu schießen. Ich hätte meinen Erfolg doch nur Facebook zu verdanken und wüsste gar nicht, was Vertrieb ist. Wer keine Argumente hat, geht unter die Gürtellinie. Ich musste lernen damit umzugehen, aber heute weiß ich, dass es keinen Hater gibt, der ein besseres Leben hat als du. Gehated wird immer von unten nach oben.

HATER

Über Hater könnte ich vieles schreiben, aber die Kernbotschaft lautet: Kein Hater hat ein besseres Leben als du. Gehated wird meist von unten nach oben. Das ist Fakt.

Neid, Missgunst und Hass sind wie Krebsgeschwüre. Einmal damit infiziert, breiten sie sich mehr und mehr aus. Die Menschen können selbst gar nicht mehr nach vorne blicken oder produktiv sein, weil sie ihre ganze Energie damit verschwenden, dir Steine in den Weg zu legen. So brachen immer mehr Teams zusammen, und mein Ego ließ mich dies auch auf Social Media breit verkünden. Ich polarisierte stark. Während die einen sich für meine Siege freuten, fanden andere es respektlos. Ich war bisher noch nie in meinem Leben auf Krawall aus gewesen. Ich war immer jemand gewesen, der in die Defensive ging, wenn es Spannungen gab. Doch die Menschen im Internet gaben mir Mut, sie wollten genau das sehen: Streit! Social Media liebt es, wenn zwei Menschen sich online bekämpfen und sich die schlimmsten Dinge um die Ohren hauen. Das ist wie ein Handgemenge auf dem Schulhof, bei dem die anderen im Kreis herumstehen und den einen oder den anderen anfeuern. Anonym im Netz war das noch um einiges leichter. Und ehrlicherweise gesagt war es genau mein Ding. Ich hatte schon während des Studiums manchmal Battle-Rap-Texte für einen Untergrund-Rapper aus Bremerhaven geschrieben, der an Online-Turnieren teilgenommen hatte, und liebte diese trockenen Punches.

Auch die anderen in meinem Team liebten es. Sie benutzten mich für ihre Gespräche. Meine fünf Minuten am Ende eines Gespräches hatten das meiste Gewicht. Ich wurde für »Closings« gebucht und hatte einen eigenen Online-Kalender dafür. Es war zu einem richtigen Rausch geworden. Fast alle nutzten nur noch Social Media für ihren Vertrieb bei mir, und unsere Umsätze explodierten. Nach einem Vertriebsjahr hatten wir bereits mehr als eine Million Umsatz pro Monat geknackt, und daran angelehnt hieß mein Team nun »Zerolimits«. Wir waren mehr als 10.000 Leute, druckten unseren eigenen Merch wie Shirts und Hoodies, und an unseren Teamevents nahmen über 1.000 Menschen teil. Wir arbeiteten hart und investierten fast alle unsere gesamte Zeit in den Aufbau. Wir arbeiteten auf unser Ziel in drei Monaten hin: das große Event in Mailand, an dem Vertriebler aus der ganzen Welt teilnahmen. Die besten würden auf der Bühne geehrt. Ich hatte gute Chancen, aber es musste noch eine Menge passieren, um dort sprechen zu können. Wir starteten einen »90 Day Run«. Das ist ein Konzept, bei dem man sich darauf einstellt, innerhalb der nächsten 90 Tage für eine bestimmte Anzahl an Stunden, die vorher definiert wurde, nichts anderes zu machen, außer aktiv sein Geschäft aufzubauen. Zwei Fragen gilt es innerhalb der Zeit dauerhaft mit »Ja« zu beantworten: Bin ich gerade produktiv? Und mache ich gerade Umsatz?

Das bedeutet, sämtliche Theorie, sei es Lesen, Seminare oder Coachings, spielten keine Rolle. Es galt, ausschließlich zu telefonieren und Menschen zu treffen, damit man über Produkte und Geschäftsideen sprechen konnte. Dabei wurden die Resultate öffentlich gemacht, das heißt, keiner konnte schummeln. Man sah, wenn jemand keinen Umsatz machte. Das motivierte alle extrem. Ich baute eine Online-Kampagne dafür. Wie in einem Adventskalender gab es jeden Tag eine fünfminütige Podcastfolge von mir mit einem kleinen Verkaufs- oder Motivationstipp. Die Folgen wurden tausendfach heruntergeladen, außerdem fand jeden Morgen auch ein Morning Call statt, in dem man sich auf den Tag einstimmte. Viele aus meinem Team, die den Vertrieb in den vergangenen Monaten zu ihrem Hauptjob gemacht hatten, legten ihre Stundenzahl auf acht bis zehn Stunden am Tag fest und wollten unbedingt in der Tabelle weit vorne sein. Das war auch mein Ziel. Ich dachte mir, wenn ich es auf die Bühne schaffte, dann wollte ich mit bestem Beispiel vorangehen und die Nummer eins sein – auch um es der Gegenbewegung da draußen zu zeigen.

Es war eine intensive Zeit, denn sie schweißte alle zusammen. Alle halfen sich gegenseitig, obwohl man natürlich auch in Konkurrenz zueinander stand. Ich schlief jede Nacht nur fünf Stunden, anstatt meiner gewohnten sechs. Meine Social-Media-Reichweite spielte mir sehr in die Karten, denn ich traf in Frankfurt drei Jungs, die mit einem kompletten Team zu mir wechselten, was uns über 200.000 Euro Umsatz einbrachte. Dieser Moment war so überwältigend, dass ich mich dazu hinreißen ließ, auf Facebook groß zu verkünden, wir sehr ich mich schon auf die Stagetime freute.

Aus heutiger Sicht rate ich jedem von solchen Statements und Ankündigungen ab. Es ist schon wichtig, dass man seine Ziele bekannt gibt, damit sie wahr werden, weil man ansonsten jederzeit einen Schritt zurück machen kann, ohne dass es Folgen hat. Doch ich würde das Vorhaben lieber einem engen Kreis erzählen, statt der ganzen Welt – walk the talk. Der Druck war so enorm, und drei Tage vor Ende waren die Ergebnisse zwar überragend, aber es fehlte einfach immer noch eine Menge. Ich buchte spontan in drei großen Locations ein Hotel. Wir hatten schon länger keine Live-Events auf der Bühne mehr gemacht, doch ich dachte, dass mich bestimmt viele aus den Socials einmal live sehen wollten und ich auf diese Weise noch die letzten Impressionen sammeln könnte. Für 72 Stunden gab es jetzt keinen Schlaf mehr, es war wie im Film. Die Trumpf-karte schien auf dem Tisch zu liegen. Ich konnte dreimal vor jeweils 250 bis 300 Menschen sprechen, die spontan eingeladen worden waren. Und in der letzten Nacht nahm ich selbst noch meine Kre-ditkarte und kaufte um 23:00 Uhr noch einige Produkte, um auf Nummer sicher zu gehen. Gebraucht hätten wir das nicht mehr, denn wie so oft nahm in den letzten Minuten der Umsatz noch ein-mal enormen Schwung auf, und wir schafften das Unmögliche. Ich telefonierte mit allen bis in die Nacht. Wir freuten uns riesig, waren aber alle zu müde, um zu feiern. Um 5:00 Uhr schlief ich in ei-nem Hotel in der Schweiz ein, und am nächsten Morgen machte ich meinen bisher erfolgreichsten Facebook-Post. Die Leute schenkten mir nicht so viel Liebe, weil ich jetzt Erfolg hatte, sondern weil sie mein Leben davor schon kannten: Ich hatte seit eineinhalb Jahren alles öffentlich gezeigt – von dem missglückten Uni-Treffen, zu dem niemand erschienen war, bis hin zu dem erfolgreichen Event am Vortag in der Schweiz, bei dem 300 Menschen live dabei gewesen waren. Sie kannten jedes Detail – von der Pleite der Unternehmen in der Vergangenheit bis zu diesem erfolgreichen Tag, an dem das Unternehmen eine Milliarde Umsatz erzielte.

Und dann war es so weit. Das alles entscheidende Event, für das wir so viel gearbeitet hatten, sollte auch mein letztes sein. Die Speakerliste für den Samstag war lang und aufmerksamkeitswirk-sam aufgebaut. Der Stärkste kam zum Schluss, beim Main Event. Ich war mit meinem Umsatz gerade so hineingerutscht und der Opener. Alle waren extrem aufgeregt, und 20.000 Menschen war-teten mit Spannung auf meinen Auftritt. Auch ich hatte Lampen-fieber. Mir ging es die Tage vorher nicht so gut. Deshalb nahm ich einige Aspirin- und Schmerztabletten ein und lutschte die ganze Zeit Halspastillen aus Angst, mir würde die Stimme versagen. Matthias machte einen Livestream auf meinem Kanal, sodass auch alle Außenstehenden meine Rede hörten konnten. Ich schrieb für die Bühne keine Skripte, ich sprach frei heraus und sagte, was ich dachte. Ich wollte ich selbst sein und authentisch erzählen, was für ein krasser Run die letzten 90 Tage gewesen waren. Gemerkt hatte ich mir nur alle Namen, die ich unbedingt erwähnen wollte, denn dieser Award war keiner, den ich allein geschafft hatte, es war eine Teamleistung. Und genau mit diesen Worten begann ich auch.

EVERYWHERE I'M LOOKING NOW
I'M SURROUNDED BY YOUR EMBRACE
BABY I CAN SEE YOUR HALO
YOU KNOW YOU'RE MY SAVING GRACE

Zu dem Song »Halo« von Beyoncé kam ich auf die Bühne, es war meine Einlaufmusik.

Es fühlte sich gigantisch an. So viel Energie, die mich durchströmte, als ich da oben stand. Die ganzen kleinen Punkte vor mir, und jeder einzelne war ein Mensch. Ich erkannte fast nur die großen Scheinwerfer. Ich war stolz auf jedes einzelne Wort, das ich sprach, und überzeugt, dass es die Wahrheit war. Ich bekam die Reaktionen des Publikums nicht mit, aber in dem Moment war es mir auch egal. Ich wollte nur rauslassen, was mir auf der Seele lag. Nach 20 Minuten beendete ich meine Rede mit der Auflistung all meiner Führungskräfte und prophezeite, dass diese im nächsten Jahr an meiner Stelle auf dieser Bühne stehen würden, und ich würde sie von unten filmen.

I FOUND A WAY TO LET YOU WIN
BUT I NEVER REALLY HAD A DOUBT
STANDING IN THE LIGHT OF YOUR HALO
I GOT MY ANGEL NOW

Als ich runterging, hörte ich den Applaus, der langsam abflachte. Ich traf mit Matthias zusammen. Er gab mir mein Handy zurück, als plötzlich jemand auf mich zulief, der gerne ein Bild machen wollte. Es war eine junge Dame aus Asien, und wir schauten uns beide an und wunderten uns, da sie wahrscheinlich kein Wort verstanden hatte. Ich nahm sie in den Arm, und Matthias knipste uns. Als ich sie gerade versuchte zu fragen, woher sie mich denn kannte, kamen zwei weitere Damen, auch sie wollten Bilder. Ich musste ein bisschen lachen, weil ich nicht ganz verstand, bis ich sah, dass immer mehr Leute auf mich zukamen. Irgendwann verlor ich Matthias im Getümmel, denn ich versuchte mit jedem kurz zu reden und – wenn sie wollten – ein Bild zu machen. Gleichzeitig hatte ich aber auch ein komisches Gefühl. Vielleicht verwechselten die mich auch alle mit jemand anderem. Auf der Bühne stand bereits der nächste Sprecher. Er warf mir einen unschönen Blick zu, denn immerhin zog ich jetzt direkt daneben voll die Show ab – das hätte mir an seiner Stelle auch nicht gefallen.

Ich stand umgeben von einer Familie, machte den typischen Vertriebsdaumen nach oben und sah, dass eine ganze weitere Reihe an Leuten aufstand und zu mir gerannt kam. Allmählich bekam ich Angst, und ich wollte jetzt unbedingt wissen, was hier los war. Meine Blicke suchten vergebens Matthias. Um mich herum standen mittlerweile bestimmt 100 Menschen, die irgendetwas wollten und die ich noch nie gesehen hatte. Sie drängten mich inzwischen komplett gegen die Wand, und ich wurde links und rechts in den Arm genommen.

Endlich drängte Matthias sich nach vorne. Er war offensichtlich schlecht gelaunt, wahrscheinlich weil er sich durchkämpfen musste, dachte ich mir, aber es sollte noch einen anderen Grund haben. Er kam zu mir, beachtete die posierenden Menschen um mich herum nicht und flüsterte mir ins Ohr, dass einer unserer Vertriebler uns aus der Gruppe geworfen hatte und auch nicht auf die Veranstaltung gekommen sei.

Ich guckte ihn fragend an, verstand nicht. Der Vertriebler hatte für seine Aktiongenau den Zeitpunkt abgewartet, als der Stream live ging, um möglichst lange unbemerkt Zeit zu haben. Sie alle gingen zu einer anderen Firma und verließen unsere, nahmen unzählige andere mit und tischten ihnen eine blanke Lüge über uns und das Unternehmen auf. Ich war geschockt und stand regungslos da, während mich jemand in den Arm nahm und meine Hand hochriss, als wolle er mich zum Champion küren. Aus der Menge, die immer größer wurde, hörte ich noch: »There is the man in the red jacket!«

Als Personenmarke in die Unabhängigkeit

Es waren diese Worte aus der Menge, die mir nicht mehr aus dem Kopf gingen und mir dabei halfen, zu verdrängen, was dort passiert war: Ich hatte ihm eineinhalb Jahre geholfen, nach seinem abgebrochenen Studium etwas aufzubauen, bin für ihn gereist, habe auf der Couch geschlafen und mit seinen Interessenten gesprochen, ich bezahlte Events und sprach auf diesen. Ich hatte ihm sogar bei der letzten Promotion geholfen, die letzten Punkte noch vollzumachen, wofür ich meine eigene Kreditkarte belastete. Und er ging, während ich die wichtigste Rede meines Lebens hielt und ihn in meinen Schlussworten als einen meiner Nachfolger benannte?

Manchmal kann man nicht verstehen, was Menschen antreibt. Es ist auch zu mühsam, es immer wieder zu hinterfragen. Es war rational nicht erklärbar, ich hätte mir aber gewünscht, dass er mir wenigstens noch einmal in die Augen blicken würde, irgendwann, irgendwo. Doch ich wette, dass er das nicht konnte.

Was nun folgte, war jede Menge Trubel. Ich hatte unendlich viele Calls und Gespräche und versuchte, Leute zurückzuholen und zu überreden. Mein Handy explodierte. Ich habe heute noch offene Nachrichten von diesem Tag. Ich konnte das nicht. Ich war zu müde.

Diese Aktion war nicht der Anfang einer Kettenreaktion, sie war der Schlussteil, der die letzten Klötze umfallen ließ. Meine Passion hatte sich verändert, so wie sich Emotionen nun mal entwickeln. Auch wenn das jetzt verrückt klingen mag nach dieser Geschichte und dem Erfolg, den wir gehabt hatten. Ich hatte mir damals aber geschworen, dass ich immer ehrlich zu mir sein würde. Und schließlich war ich schon durch schlimmere Zeiten gegangen als diese.

Als ich wieder zu Hause in meiner Oldenburger Wohnung saß, blickte ich auf die letzten Jahre zurück: Ich hatte ein Imperium aus dieser Eineinhalb-Zimmer-Wohnung aufgebaut, in der ich einst studiert hatte. Dort stand immer noch der gleiche Stuhl, den ich mir im ersten Semester gekauft hatte, und die mittlerweile völlig verkalkte Nespresso-Maschine, die wahrlich ihren Dienst geleistet hatte. Und an der Wand war immer noch der rote Handabdruck, die Farbe verblasste mittlerweile. Hier gab es so viele Erinnerungen und so viele Momente, die ich im Kopf gespeichert hatte, dass ich raus musste.

Nicht weil die Erinnerungen schlecht waren, ganz im Gegenteil. Ich wusste, dass etwas Neues beginnen würde, und für etwas Neues brauchte ich einen Tapetenwechsel: eine neue Umgebung, neue Menschen, andere Einflüsse. Neue Ideen lassen dich selbst neue Ansätze entwickeln. Das ist der Grund, wieso ich auch heute noch mindestens einmal im Monat einen Tapetenwechsel brauche und in eine andere Stadt reise, zwei bis drei Tage im Hotel wohne und alles auf mich wirken lasse. Ich komme dann auf ganz neue Ideen.

Ich buchte mir eine Airbnb-Unterkunft in Frankfurt, denn ich war mir noch nicht sicher, wohin meine Reise gehen würde. Ich wusste nur, dass ich in eine Großstadt gehen und das Flair dort genießen wollte. Ich suchte mir ein großes Loft mit einem großen Fenster, um noch größer zu denken.

Ich war auf Facebook extra ein paar Tage nicht live gegangen, weil ich hoffte, dass sich die Situation beruhigen würde. Meine Inbox explodierte, jeder wollte eine Stellungnahme und wissen, was passiert war. Drama Baby! Die Leute lieben das.

Also ging ich spontan live ohne Ankündigung, doch es sprach sich herum wie ein virtuelles Lauffeuer, und der Raum war voll. Ich hatte nichts vorbereitet und versuchte so diplomatisch wie möglich, alles aus meiner Sicht zu schildern, aber ich konnte es nicht. In mir kochte die Wut, als ich all diese Menschen sah, die ein Recht darauf hatten, zu erfahren, was passiert war. Menschen, die immer hinter mir gestanden hatten und es auch jetzt noch tun. Ich ließ alles raus.

Es wurde sehr emotional und laut, mein Handy klingelte mehrere Male währenddessen. Leute riefen an, die versuchen wollten, mich aufzuhalten, damit ich nicht in die Kamera sprach. Ich drückte sie weg. Facebook verwarnte mich im Nachhinein dafür und entfernte meine Stellungnahme. Vermutlich hätte ich sie sowieso gelöscht.

Ich warf das Stativ um, auf dem das Handy war. Es fiel mit dem Display nach unten. Ich war völlig am Ende, als es vorbei war. Jetzt hatte sich alles entladen, was sich seit dem Vorfall angestaut hatte. Trotzdem fühlte ich mich auch befreit und fing an, in meinem Appartement Runden zu laufen. Ich merkte, woran es lag: Ich hatte schon lange nicht mehr rausgezoomt. Die letzten Monate waren einfach zu viel gewesen: der Vertrieb, der Umsatz und die Menschen. Das alles war mir zu nahe gegangen, und ich überlegte, welche Metaebene ich von hier aus erreichen könnte, um die Situation besser zu verstehen.

Ich brauchte nicht lange zu überlegen: Es war Social Media. Alles, was ich aufgebaut hatte, hatte ich den sozialen Netzwerken zu verdanken: Facebook, YouTube und mittlerweile auch Instagram. Mein ganzes Vertriebskonzept baute darauf auf. Ich hatte ein Team von 18.000 Menschen nur über das Internet aufgebaut. Diese Leute konnten mittlerweile ihren Lebensunterhalt dadurch bestreiten. Wenn jemand mit mir reden wollte, kam immer die Frage: »Wie hast du das gemacht?« Und meine Antwort lautete: »Über Social Media.«

Der Mann mit dem roten Jackett auf Facebook, der Typ, der die Livestreams macht, der seine Vertriebsreise auf YouTube dokumentiert und den Leuten zeigte, wie er einen Fehler nach dem anderen machte, das war ich. Es ging nicht um den Umsatz, den ich machte, es ging nicht um die Größe des Teams. Es ging darum, dass ich all das durch Social Media erreicht hatte, und das machte mich noch unabhängiger.

Wenn ich als Kind etwas ausgefressen hatte, hatte meine Oma immer zu mir gesagt: »Du bist eine richtige Marke, Torben.« Und genau das sagten jetzt auch die Menschen, die mir zuschauten. Ich hatte keine Ahnung von der Wissenschaft, und auch das Wort »Branding« war mir nicht geläufig. Ich hatte nie Literatur dazu gelesen oder Videos angesehen. Bisher hatte ich nur Dinge getan, die ich gefühlt hatte, und hatte mich auf meine Instinkte verlassen. Mein großer Vorteil war, dass ich gelernt hatte, in die Kamera zu sprechen, bevor ich gelernt hatte, souveräne Gespräche mit anderen Menschen zu führen. Deshalb fühlte Social Media sich so natürlich an. Ich verstellte mich nicht, wenn die Kamera anging. Ich war dann ich selbst.

Also recherchierte ich und fand im deutschsprachigen Raum wieder nur wenig darüber. Ich hatte wohl ein Händchen für Themen, die hier noch nicht bekannt waren. Folglich griff ich wieder auf englischsprachigen Content zurück und sah mir an, wie man zu einer Marke wird, wie Brand Marketing funktioniert und was Menschen dazu bewegt, einer Marke zu folgen. Brand Marketing verband mein Interesse für Psychologie und meine Fähigkeit, Menschen zu lesen und auch zu verstehen, mit Social-Media-Marketing. Das war wie für mich gemacht. Auch dass in Deutschland wieder kaum einer zu diesem Thema hochwertigen Content bereitstellte, war eine große Chance für mich. Je mehr ich darüber lernte, desto mehr verstand ich, dass ich die letzten Jahre schon viel auf meine eigene Personal Brand eingezahlt hatte. Viele Elemente benutzte ich schon, ohne es zu wissen. Ich wollte mehr erfahren und suchte mir Hilfe für meine eigenen Kanäle. Ich wollte das erste Mal in meinem Leben etwas outsourcen, vielleicht jemanden an meiner Seite haben, der für mich Grafiken erstellte und Bilder postete, sodass ich mehr Zeit zum Entdecken hatte und mich auf meine neue Leidenschaft fokussieren konnte.

Ein Freund aus dem Vertrieb stellte mir Matt vor. Nun war es durch mein großes Netzwerk nicht mehr schwer, Menschen zu finden. Er hatte bereits in der Vergangenheit die Social-Media-Kanäle von Luxushotels betreut. Wir verstanden uns auf Anhieb sehr gut. Anfangs scheute ich mich zwar, meine Passwörter herauszugeben, weil ich viele Kundengespräche über die Socials abwickelte, aber da er keine Berührungspunkte damit hatte, vertraute ich ihm schnell. Wir zoomten jeden Abend und besprachen die nächsten Schritte. Ich erzählte ihm, wieso ich diese Arbeit derzeit gerne abgeben wollte und ich vorhatte, mein Wissen zu erweitern. Er fand es auch sofort spannend. Wir philosophierten bis tief in die Nacht, wieso Branding in Zukunft immer wichtiger werden würde, und dass die meisten Unternehmen mit einem Gesicht eine viel größere Chance haben, heute erfolgreich zu werden. Das Elon-Musk-Prinzip: Wir haben alle von Tesla und SpaceX gehört und kennen auch die Autos, die energiebetrieben fahren, und die Raketen, die auf dem Weg zum Mars explodierten, aber vor allem kennen wir die verrückte Vision von Elon Musk und die Situation, als er sich beim Interview mit Joe Rogan mit ihm zusammen einen Joint anzündete[12] oder seine Statements, in denen er Jeff Bezos kritisierte[13]. Menschen folgen Menschen. Tesla ist viel interessanter für uns, wenn wir die Mission dahinter kennen. Wenn wir wissen, wie Musk seine verrückten Gedanken in die Tat umgesetzt hat. Und dass aus einer Idee am Ende wirklich ein Unternehmen geworden ist. Er ist das Gesicht, die Stimme und das Gehirn. Ein Unternehmen und die dazugehörigen Produkte sind die Verlängerung davon, die uns ermöglichen, Teil davon zu werden.

---

12 https://www.sueddeutsche.de/wirtschaft/autohersteller-musk-raucht-gras-tesla-ak-tie-stuerzt-ab-1.4122222

13 https://www.businessinsider.com/jeff-bezos-elon-musk-rivalry-history-timeline-2020-7?r=DE&IR=T

Wir waren beide angefixt und wollten mehr erfahren, reisten in die USA und lernten dort auf den Masterminds einige der größten Social-Media-Marketer kennen. Alle hatten Multimillionen-Umsätze im Internet generiert und waren starke Brands. Eine der ersten Masterminds fand in Los Angeles statt. Ich dachte, wir würden hier Schritt für Schritt alles beigebracht bekommen, doch ich merkte schnell, dass Branding viel komplexer war als gedacht. Es ging darum, sich selbst erst einmal einzuschätzen, seine bisherige Wahrnehmung zu entlarven. Ich hatte mir bisher noch nie Gedanken darüber gemacht, welche Gefühle ich mit meinem Erscheinen bei anderen auslöste oder welche Schlagworte Menschen mit mir verbinden. Es war ein sehr intensives Wochenende, bei dem auch Matt und ich enger als Team zusammenrückten.

Wieder in Deutschland angekommen, gab ich eine Menge Arbeit an die Vertriebler ab, die ich ausgebildet habe, und übernahm nur noch das, was nötig war. Viele hatten Verständnis dafür, andere weniger. Das kannte ich schon aus der Vergangenheit.

Auch Matthias und ich telefonierten häufig. Ich versuchte, ihn anzufixen, aber ihn hatte der Streit im Vertrieb sehr mitgenommen. Er brauchte eine Pause und wollte es ein bisschen ruhiger angehen lassen. Nach drei Jahren Aufbau waren das die ersten Umsätze, die wir mehr oder weniger passiv generierten. Man muss mit den Worten »passives Einkommen« sehr vorsichtig sein. Viele verwechseln das mit »passiver Arbeit« und denken, sie bekämen Geld fürs Nichtstun. Die Wahrheit ist, dass passives Einkommen nur in einem sogenannten »front loaded Business Model« entsteht, was so viel heißt wie: Du arbeitest vor! Wenn andere einen Acht-Stunden-Tag haben, hast du einen Zwölf-Stunden-Tag, und die zusätzlichen vier Stunden zahlst du auf dein Konto für passives Einkommen ein. Wenn du das mal drei bis fünf Jahre machst, kann es gut sein, dass du für eine gewisse Zeit nicht mehr arbeiten musst und trotzdem Geld verdienst. Vorsicht: Die Werbeslogans im Internet sind meist nur eine Betrugsmasche.

PASSIVES EINKOMMEN

Passives Einkommen bedeutet Geld zu verdienen, ohne in dem Moment aktiv etwas dafür zu tun. Wichtig: Es funktioniert nur, wenn du die Arbeit im Vorfeld zu einem überproportionalem Aufwand im Vergleich zu dem damaligen Reward bereits geleistet hast. Ansonsten ist das Werben mit diesem Modell meist eine Finte.

Ich war zurück in meiner Lernroutine, die ich sowohl aus dem Basketball als auch durch den Vertrieb kannte. Ich konsumierte und schrieb alles mit, hatte für mich aber folgende Regel: Keinen neuen Content, wenn der alte nicht umgesetzt wurde. Das heißt, egal was ich mir ansah oder las, ich versuchte es immer am gleichen Tag anzuwenden oder zumindest in einem Gespräch mit jemanden aufzugreifen. Nur so verinnerlicht man Gelerntes und erkennt den Nutzen. Viele Dinge aus den USA funktionierten nicht in Deutschland, wir haben hier eine andere Mentalität, weshalb ich auch ein paar Elemente anpassen musste. Die Art, im Internet Dinge zu verkaufen, ist beispielsweise eine, die in den USA viel direkter funktioniert. Hier muss man aufpassen, wie hart man verkaufen möchte. Die Menschen haben eine geringere Toleranz dafür. In den USA gilt eher das Basarkonzept: Alle bieten an, und man nimmt sich das, was man will. Die Deutschen bestellen lieber gezielt, was ihnen schmeckt, und wollen auch nichts anderes angeboten bekommen.

Ich beschäftigte mich viel mit Icons und Farben und hatte schon meinen eigenen Stil entwickelt in den letzten Jahren, der zu meiner Persönlichkeit passte. Es war ein Mix aus reinen Elementen und Schriftarten, aus sowohl kaputten als auch geflickten und intakten Grafiken. Dazu die Splashes, viel Straßenkultur und Graffitis, alles

rot und schwarz. Da sprach mein Inneres. Das war aus dem Gefühl heraus entstanden. Es war ehrlich. Aber es gab noch so vieles,
was ich verbessern konnte, und ich bekam auch immer mehr einen
Blick dafür, was man bei anderen machen könnte oder wieso deren
Reichweite einfach nicht stieg.

Anfangs half ich damit meinen Freunden und Partnern, sorgte
dafür, dass ihre Social-Media-Profile besser konvertierten, bis ich irgendwann auf die Idee kam, eine eigene Personal-Branding-Agen-
tur zu gründen, die genau das macht: Menschen, die eine Message
haben und die es wert sind, gesehen und gehört zu werden, zu mehr
Reichweite und Sichtbarkeit zu verhelfen durch Social Media. Ich
erzählte Matt davon. Er war sofort dabei, und wir beschlossen einen
gemeinsamen Neuanfang in München zu wagen. Er gab sein altes
Leben in Hamburg auf, und ich zog endlich aus der Studentenbude
aus, in der ich die letzten zehn Jahre verbracht hatte: Das war der
Grundstein für TPA Media.

Wir kreierten einen Brandcode, der im deutschsprachigen Raum
funktionierte, und bauten von nun an Menschen zu einer Personal
Brand auf. Es funktionierte, weil ich Branding nicht aus Büchern
gelernt hatte, sondern selbst im Feld stand, und das wollte ich nun
noch verstärken: Ich setzte noch mehr Fokus auf meine eigenen
sozialen Netzwerke und baute die SELFMATE (aus den englischen
Wörtern »selfmade« und »mate«) Community für Menschen auf,
die mithilfe von Social Media ihren eigenen Weg gehen wollten.

Ich erinnerte mich an meine eigene Anfangszeit und wie schwierig es gewesen war, an Informationen darüber zu kommen, wie all
dies funktioniert, weshalb ich mir schon damals geschworen hatte,
anderen damit zu helfen, sobald ich es selbst geschafft hatte. Die
Landschaft der sozialen Medien ist groß, und jedes Jahr kommen
neue Plattformen und Features hinzu, weshalb man sich oft fragt,
welcher Kanal für einen selbst eigentlich der richtige ist, welche
Art Posting zu einem passt und wie lang die Videos sein sollen, damit sie angesehen werden. Aber das sind nicht die entscheidenden

Fragen. Vor allem geht es darum, zu überlegen, welche Geschichte man zu erzählen hat, und dann zu entscheiden, wo man dies am besten machen kann:

» Gibt es in der aktuellen Konversation der Gesellschaft eine Lücke, die du füllen kannst?

» Hast du etwas erlebt, was auch andere erleben könnten, aber über das bisher viel zu wenig gesprochen wurde?

» Hast du ein besonderes Talent, welches dir nachgesagt wird, wie beispielsweise die spontansten und trockensten Witze zu haben?

Menschen brauchen Figuren. Nicht alle lesen Bücher, denken reflektiert nach und versuchen, Schubladen zu vermeiden. Die meisten brauchen eine Hilfe, um dich einordnen zu können: Fitnesstyp, Comedian, Business-Frau. Bist du irgendwo dazwischen oder legst den Fokus auf zu viele Dinge, schauen sie an dir vorbei. Sie wollen ein klares Thema, die Figur und dann den Menschen. In einer anderen Reihenfolge funktioniert Markenaufbau nicht: Die Geschichte, die du erzählst, muss spannend sein. Sie muss die Leute in ihren Bann ziehen, unverwechselbar sein, aber Identifikation schaffen. Das ist die Königsdisziplin. Bill Gates beispielsweise ist weltbekannt. So gut wie jeder hat seinen Namen schon einmal gehört. Er ist der Gründer von Microsoft, und es gibt unzählige (Verschwörungs-)Theorien über ihn. Dennoch: Es folgen ihm nur sechs Millionen Menschen. Viele englischsprachige Marketer wie ein Tai Lopez oder Grant Cardone haben ähnliche Zahlen, sind allerdings bei Weitem nicht so bekannt. Die Konvertierung ist größer und stärker, weil sie Figuren und bestimmte Charaktere kreiert haben und eine Geschichte erzählen. Social Media ist wie eine Demokratie: Likes und Abos sind wie die Stimmen einer Wahl. Du musst erkennen, wen die Leute wählen und wieso sie es tun.

Ich bewerte bei TPA Media den Content mit der MSKE-Skala: Das M steht für Mehrwert. Wie sieht die Informationsdichte aus? Lernen Menschen etwas, das sie selbst anwenden können, das sofort in der Praxis funktioniert, oder besteht der Content größtenteils aus egoistischen Inhalten? Das S zeigt an, welcher Seltenheitsgrad vorliegt. Wenn beispielsweise eine Frau im Alter von 103 Jahren etwas über das Leben erzählt, ist das bedeutsamer als die Erzählung eines 16-jährigen Mädchens, da es davon viele gibt. Das K zeigt an, ob der Content leicht oder schwer kopierbar ist. Wenn jemand, der querschnittsgelähmt ist, Sportübungen zeigt, um sich fit zu halten, und einen durchtrainierten Körper hat, kann man ihn nicht so einfach kopieren wie jemanden, der kerngesund ist und jeden Tag das Fitnessstudio besucht. Zum Schluss kommt noch das E für Einzigartigkeit, und hier kommt es darauf an, ob das Thema überhaupt wiederholt werden kann. Ein Football-Spieler, der einen Homerun im Superbowl Game hinlegt und später von den finalen Sekunden davor erzählt, ist einzigartig. Erzählt der gleiche Spieler vom wöchentlichen Training ist es nicht so bedeutsam.

Die Skala geht jeweils von eins bis zehn, und guter Content sollte immer einen Wert von sechs bis sieben haben, damit er funktioniert.

MSKE-SKALA

Bewerte deinen eigenen Content nach der »MSKE-Skala«: Welchen Mehrwert liefert er? Wie selten kommt er vor? Ist er kopierbar oder einzigartig?
Je höher der Score der einzelnen Punkte, desto größer ist die Chance, damit viral zu gehen.

Wir brauchten so ein System vor allem auch, um unseren Kunden zu erklären, in welche Richtung wir gehen wollten und wieso einige Posts und Videos besser funktionierten als andere. Ich betrachtete Branding immer analytischer und verstand so auch immer mehr davon, gleichzeitig gehörten auch viel Gefühl, Spontanität und Erfahrung dazu.

Wir wuchsen in den ersten zwei Jahren mit jedem Kunden und verstanden so auch den Markt und die Zielgruppen immer besser. Und je mehr man darüber erfährt, desto klarer wird einem auch, dass selbst kleine Fauxpas im Fernsehen, verbale Ausraster und Skandale seltener als man denkt zufällig passieren und oft zum Drehbuch gehören.

Wir wurden zu einem Geheimtipp und dürfen heute für viele spannende Menschen den Markenaufbau steuern. Eine Aufgabe, die nicht langweilig wird, da jeden Tag etwas Neues passiert. Deine ganze Sicht auf Medien, Presse und Massenkonsum verändert sich, wenn du die Theorie und Wissenschaft dahinter kennst. Ich verstehe heute viel besser, was Menschen dazu bewegt, stundenlang Netflix zu schauen oder ins Kino zu gehen, und auch meine damalige PC-Sucht erschließt sich mir nun.

Jeder von uns hat ein Branding, ob wir es wollen oder nicht: Es ist das, was Menschen hinter unserem Rücken über uns sagen, wenn wir nicht im Raum sind – das ist übrigens ein Zitat von Jeff Bezos.[14] Früher war ich der Nerd, dann der Typ mit dem roten Jackett, und heute steuere ich zu einem großen Teil selbst, was andere denken und sagen. Diese Fähigkeit ist ein machtvolles Instrument.

---

14 https://www.goodreads.com/quotes/7383200-your-brand-is-what-other-people-say-about-you-when

MY ATTITUDE BROUGHT ME HERE

Ich mochte es früher nicht, in den Spiegel zu schauen, was nicht daran lag, dass ich übergewichtig war, mir meine Frisur nicht gefiel oder ich die Klamotten, die ich trug, nicht mochte. Es lag an meinem Blick. Ich schaute mir in die eigenen Augen und hatte nicht das Gefühl, dass es meine waren, dass ich derjenige war, der mich ansah. Wenn ich mich länger anschaute, machte es mir sogar Angst, und ich zwang mich wegzusehen.

Heute ist das anders, was nicht daran liegt, dass ich einigermaßen fit bin, meine Haare liegen und ich Klamotten trage, auf die ich Lust habe, sondern daran, dass ich angekommen bin.

Mein Leben ist immer noch ein Auf und Ab: gute Briefe, schlechte Briefe, gute Anrufe, schlechte Anrufe. Meine Großeltern sind verstorben, und meinen Eltern konnte ich dabei helfen, in Rente zu gehen. Die Achterbahn des Lebens fährt immer noch, und sie wird nie aufhören, aber ich habe eine grundlegende Zufriedenheit und das Gefühl, mich selbst gefunden zu haben. Auf meinem rechten Arm ist ein Trash-Polka-Tattoo. Es war mein erstes Tattoo. MY ATTITUDE BROUGHT ME HERE steht da, und darüber ist der Kopf von Batman zu sehen. Das ist der einzige Superheld, den ich aus meiner Kindheit kannte, der keine Superkräfte brauchte, um einer zu sein. Er hatte sich alles selbst beigebracht, benutzte Technologie, um die Bösewichte zu besiegen, aber war nicht übernatürlich. Jeder konnte Batman sein. Darüber trage ich eine Catwoman, die ich auch selbst gezeichnet habe und die ein bisschen die Frau verkörpert, die ich mir in Zukunft an meiner Seite wünsche, ohne da jetzt näher drauf eingehen zu wollen ...

Wir alle gehen durch Phasen in unserem Leben, die nicht schön sind. Wir sind unzufrieden mit uns selbst, anderen Menschen und der Gesamtsituation, aber viel zu selten nehmen wir unser Glück in die eigenen Hände: Wir sind unter Dauerbeschuss von äußerlichen Einflüssen, Eltern, Freunden, Bekannten, Werbeträgern, Medien. So viele versuchen, täglich unsere Aufmerksamkeit zu bekommen, dass wir vergessen, was die wesentlichen Dinge sind: unsere Werte und die Frage nach dem nächsten Schritt. Wenn du versuchst, so zu leben, dass es anderen gefällt, wirst du immer nur fragen: »Was werden die anderen sagen?« Und das besiegelt irgendwann dein Schicksal.

Ich hatte das Glück, ein Außenseiter zu sein, sodass sich in der Schule niemand dafür interessierte, was ich tat. Lediglich meine Eltern versuchten, mir einen Weg vorzugeben, von dem ich schlussendlich im Studium abbog, und es war aus heutiger Sicht die richtige Entscheidung, nicht dem Wegweiser zu folgen. Viele andere waren in ihrem Freundeskreis gebunden, verankert, konnten sich nicht losreißen und folgten der schnellen Anerkennung, der fixen Befriedigung. Der Tod für langfristige Ziele ist es, sich dieser hinzugeben.

Ich wäre heute nicht da, wo ich bin, hätte ich nicht meinen eigenen Weg gefunden. Dabei geht es mir nicht um die monetären

Ziele, Wohnung, Auto, Trips, Klamotten oder Uhren, sondern das Gefühl des Hafens, wenn ich jedem Trend und jeder Einladung gefolgt wäre. Nicht alles, was zählt, ist zählbar. Und nicht alles, was zählbar ist, zählt auch für dich.

Es gibt drei Säulen im Leben, die dazu führen, dass du glücklich wirst: Gesundheit, Beziehungen und Wohlstand. Ohne fit und gesund zu sein, wirst du das Leben nicht genießen können. Mit Fieber im Bett zu liegen, wenn man sich konzentrieren will, eine verstopfte Nase zu haben, wenn vor einem das leckerste Buffet aufgebaut ist, oder zu schwerfällig zu sein, um die Treppen hochzukommen, ist kein schönes Gefühl.

Wenn du keine Menschen um dich herum hast, mit denen du auf ein Konzert gehen, eine Party feiern oder einen Urlaub machen kannst, wirst du dich alleine am Pool auf Dauer langweilen. Wir Menschen streben nach sozialen Kontakten, und es ist wissenschaftlich bewiesen, dass diese der größte Antrieb in unserem Leben sind.

Wenn du pleite bist, dein Konto immer im Minus ist und du Rechnungen nicht zahlen kannst, breitet sich dauerhaft Stress aus, der Druck wird immer größer, und egal, was dir Schönes widerfährt, du wirst es nicht genießen können.

Aber Vorsicht, alle Säulen gleichzeitig aufzubauen ist schwer, und ich will ehrlich zu dir sein: Ich halte anfangs nichts von Work-Life-Balance. Die besten Jahre waren die, in denen ich völlig fokussiert war: keine Frau an meiner Seite, wenig Liebschaften, und ich habe einfach nur gearbeitet für ein Ziel. Es gibt bestimmt einige von euch, die das besser unter einen Hut kriegen, aber in diesem Buch möchte ich teilen, was ich erlebt habe. Drei bis fünf Jahre Verzicht und Gas geben, um heute mehr Spaß denn je zu haben, war meine Formel, die sich bewährt hat. Vorher war ich immer abgelenkt durch die süßen Früchte, die so verlockend meine Zeit fraßen.

Es gibt nichts Wichtigeres, als Ziele zu haben. Echte Ziele, auf die du hinarbeitest.

Früher bin ich irgendwann aufgestanden und habe meinem Kollegen eine SMS geschrieben, in der stand: »Was geht? Treffen?« Wir saßen in der Cafeteria rum, spazierten, gingen etwas essen und schauten abends Basketball. Es waren schöne Tage, definitiv, aber sie belohnten mich für nichts und brachten mich auch nicht an meine Ziele. Im Gegenteil, ich konnte diese Tage, an denen man nur entspannt, irgendwann gar nicht mehr wertschätzen. Sie wurden zum Alltag. Und dann fällt einem irgendwann auch die Arbeit schwer, wenn man sie nicht mehr gewohnt ist.

Deshalb legte ich große und kleine Ziele fest: Die großen sind Jahresziele und auch solche, die darüber hinausgehen. Sie bestimmen maßgeblich unseren späteren Lebensstil, das, worauf wir hinarbeiten. Aber genauso wichtig sind die kleinen Ziele, für die man kleine sofortige Belohnungen bekommt, wie die Möhre, die man dem Esel vor die Nase hält, damit er läuft.

Bei mir sind solche Belohnungen Sneaker oder schöne Samstagabende, an denen ich Freunde einlade. Vielleicht spiele ich sogar mal eine Runde Computer oder nehme mir die Zeit, mit ein paar Leuten auf Instagram zu schreiben.

Es ist auch nicht verwerflich, materialistische Dinge besitzen zu wollen, oder Ziele zu haben, die nur dir etwas bringen – es macht dich nicht zu einem schlechteren Menschen, wenn du gerne eine teure Uhr hättest. Nur sollten diese Dinge sich die Waage halten mit jenen, die nicht ichbezogen sind. Wer soll dich lieben, wenn du es selbst nicht tust? Aber wenn du nur dich liebst, wer bist du dann für andere?

Ich möchte am Ende meines Buches über zwei Themen reden, über die nachzudenken mir geholfen hat, ein SELFMADE LIFE zu führen. Für die Fragen, die du dazu beantworten musst, solltest du dir Zeit nehmen. Zuerst gilt es, die Schnittmenge aus Talent und Passion zu finden:

» Was hast du in den letzten zehn Jahren gemacht?
» Wie sah dein bisheriges Umfeld aus (in welchem Umfeld bist du groß geworden)?
» Was sagen andere, wenn du sie fragst, worin du gut bist?
» Worüber sprichst du samstagabends mit deinen Freunden?

Vielleicht helfen dir diese Fragen dabei, denn ich würde niemals die letzten zehn Jahre leugnen. Du wirst immer aus dem, was du bisher gemacht hast, etwas Positives ziehen können für das, was jetzt kommen soll. Dein Umfeld bestimmt dich maßgeblich, wir lernen nur durch andere Menschen: Egal, ob wir ein Buch lesen, auf einem Seminar sind oder ob wir von unseren Eltern Sprache und Werte mitbekommen haben – das Umfeld prägt dich. Frag andere, worin du gut bist. Wir selbst schätzen das tendenziell falsch ein, und besonders die Leute, die dir nicht so nahestehen, sind oftmals die ehrlichsten. Die Gespräche am Samstagabend, wenn Arbeit keine Rolle mehr spielt und man in einer Bar mit Freunden sitzt, können sehr aufschlussreich sein. Wenn sich der Stress der Woche gelegt hat, kommt oft zum Vorschein, was uns wirklich beschäftigt, und auch das ist ein starker Indikator, in welche Richtung du gehen solltest.

Das zweite Thema dreht sich um deine Gefährten. Ich meine damit Freunde, deinen Lebenspartner, Geschäftspartner und alle anderen, die dir nahestehen: Nichts beeinflusst uns mehr als die fünf Ideen, die uns umgeben. Oftmals wissen wir insgeheim auch, dass uns eine Person nicht mehr guttut, aber wir wollen aus Gewohnheit festhalten, was Veränderungen blockiert. Stell dir deshalb die Frage, wenn du heute zu dem Tag, an dem du die Person kennengelernt hast, zurückgehen könntest: Würdest du dich noch mal auf sie einlassen? Mit all dem Wissen und der Erfahrung, die du inzwischen gesammelt hast?

Wenn du hier mit »Nein« antwortest, ist meine Empfehlung, einen Cut zu machen. Und ich weiß, dass es kurzfristig unschön ist und dir Unverständnis entgegengebracht wird, aber langfristig und meist schon nach einigen Wochen wird es dir besser gehen – jeder von uns kennt das nach einer Beziehung, die uns schon lange nicht mehr guttat.

Ich danke dir für dein Vertrauen, mein Buch gekauft zu haben und es bis zu dieser Seite gelesen zu haben, SELFMATE.

Für dich war es vielleicht eine Inspiration, den eigenen Weg mit der richtigen Einstellung zu gehen, für mich war und ist es ein intimes Tagebuch meiner Gedanken. Heute ist dies zwar die letzte Seite, aber in dem Augenblick, in dem du es in den Händen hältst, wird schon wieder Neues passiert sein, weshalb du unten einen QR-Code beziehungsweise Link findest. Ich werde von Zeit zu Zeit ein neues Video hochladen, um dich auf dem Laufenden zu halten und noch ein paar persönliche Worte an dich zu richten. Ich freue mich, wenn du es dir ansiehst, und vergiss nie: Hoffnung ist keine Strategie. Es liegt nun an dir, dir dein SELFMADE LIFE zu verdienen.

Der Autor

»ICH WAR IMMER SCHON **ANDERS**, HATTE NIE VIELE **FREUNDE** UND WURDE VON VIELEN ALS FREAK, AUSSENSEITER **ODER** WEIRDO **BEZEICHNET**. DAS WAR **EGAL**, ALS ICH ERKANNTE, DASS GENAU DAS MEINE **CHANCE** WAR.«

Mit 27 Jahren saß Torben in seiner Eineinhalb-Zimmer-Bude in Oldenburg und hatte bis dahin alles gemacht, was seine Eltern von ihm erwartet hatten und unsere Gesellschaft in gewisser Weise bis heute prägt: Schule, Abitur und dann studiert. Mit Hängen und Würgen hatte er es durch die Schulzeit geschafft und sein Studium abgeschlossen. Jetzt sollte er seine Bewerbungen schreiben. Seine Eltern waren endlich richtig stolz auf ihn und hatten die Hoffnung, dass aus dem Langzeitstudenten doch noch etwas werden würde. Doch diesem permanenten Druck, den Erwartungen nicht mehr gerecht zu werden, war Torben nicht länger gewachsen.

Torben hatte das erste Mal das Gefühl, dass es kein Zurück gäbe, wenn er den nächsten Schritt machen würde. Für ihn war es, heute zurückblickend, einer der Schlüsselmomente seines Lebens. Er hatte sich dieses Mal bewusst gegen etwas entschieden, dem Druck widersetzt, mit aller Konsequenz die Zähne zusammengebissen und auf sein Bauchgefühl gehört. Ein Entschluss, der seine bisherige Welt ins Wanken brachte, weil seine Eltern und Kommilitonen den Kontakt abbrachen.

Aufgrund seiner Gaming-Erfolge war Social Media für ihn nichts komplett Neues. Er fing an, ein paar Videos zu drehen, stieg parallel in den Vertrieb ein und kämpfte ein Jahr lang vergeblich um Anerkennung und Unabhängigkeit. Seine Ersparnisse aus dem Gaming neigten sich jedoch nach einiger Zeit langsam dem Ende zu. Nach 18 langen Monaten gelang ihm schließlich der Durchbruch. Magazine und Internetportale berichteten von dem Delmenhorster, der aus einer Studentenbude heraus ein kleines Imperium aufgebaut hatte. Langsam fügten sich die Dinge, und es schien alles wieder in Ordnung zu kommen: Seine Eltern und die paar wenigen Bekannten, die er hatte, meldeten sich zurück. Doch tatsächlich war das erst der Startschuss für ganz andere Themen, Intrigen und Skandale, die ihm zeigten, wie wichtig es ist, eigene Werte zu haben, Verantwortung wahrzunehmen, seinen Weg zu gehen und nicht auf andere zu hören.

Torben nutzte seine Reichweite der sozialen Medien und sprach ganz offen über das veraltete Schulsystem, die Manipulation der Massenmedien und das System, das uns zu Marionetten und unmündigen Menschen macht. Er lernte alles über Branding und Social Media und baute sich selbst zu einer relevanten Personal Brand auf. 2017 gründete er die Medienagentur TPA Media GmbH mit Sitz in München, die Menschen zur Marke macht, und schreibt für renommierte nationale und internationale Magazine Kolumnen und Expertenbeiträge oder gibt Ausblicke auf neueste Trends. In den sozialen Medien gilt er als größter deutschsprachiger Experte in diesem Bereich und produziert tägliche aktuellen Content.

Torben begleitet Menschen erfolgreich auf ihrem Weg und befähigt sie, ihre Botschaften wirkungsvoll nach außen zu tragen. Dabei zeigt er besonders jungen Menschen Perspektiven auf und macht ihnen klar, dass ihr Weg nicht immer kerzengerade verlaufen muss, sondern dass der Glaube an sich selbst, einhergehend mit einer konsequenten Umsetzung ihrer Ideen, sie langfristig auch außerhalb des Systems erfolgreich und glücklich machen wird. Die SELF-MATE Community wächst stetig, und Torben ermutigt diese, stolz darauf zu sein, anders zu sein und OUTSIDE THE BOX nicht nur zu denken, sondern zu leben.

Torben Platzer ist transparent, authentisch und spricht in seiner Autobiografie offen über seine Naivität als beginnender Unternehmer, gemachte Fehler und Ängste, die ihn umtrieben. Er sieht sich selbst als durchschnittlichen Typen mit überdurchschnittlichen Träumen, der den Mut hatte, seinen eigenen Weg zu gehen und Social Media dafür zu nutzen.